Katrin König

BWL Grundlagen

Wie wirtschaften Betriebe?

Katrin König war mehr als zwei Jahrzehnte in verschiedenen internationalen Handels- und Dienstleistungsunternehmen tätig. Seit 2009 arbeitet sie als freiberufliche Dozentin und als Lehrbeauftragte an der Hochschule für Technik und Wirtschaft sowie an der Hochschule für Wirtschaft und Recht in Berlin im Bereich der Personalwirtschaft und Unternehmensführung. Weiterhin schult sie Betriebs- und Personalräte und stärkt die Arbeitnehmervertretungen durch Fort- und Weiterbildungen.

Katrin König

BWL Grundlagen

Wie wirtschaften Betriebe?

Basiswissen für

Praktiker

Betriebsräte

Studierende

Autorenverlag K. M. Scheriau – Berlin

Bibliografische Information der Deutschen Bibliothek
Die Deutsche Bibliothek verzeichnet diese Publikation in der Deutschen Nationalbibliografie;
detaillierte bibliografische Daten sind im Internet über www.dnb.de abrufbar.

Katrin König
BWL Grundlagen
Wie wirtschaften Betriebe?
Basiswissen für Praktiker, Betriebsräte und Studierende

1. Auflage, Dezember 2017

Autorenverlag K.M. Scheriau, Berlin

Satz und Titelgestaltung: Katrin König, Berlin
Herstellung: Books on Demand GmbH, Norderstedt

Bestellungen über den Buchhandel

ISBN 978-3-937650-27-2

Vorwort

Die Literatur im Bereich der Wirtschaftswissenschaften ist vielfältig, sei es im Segment des Grundlagenwissens, als auch des Spezialwissens. Im Zeitalter von Großkonzernen, Finanzmärkten und Digitalisierung verändert sich die Wirtschaft zunehmend und stellt sowohl heutige, als auch zukünftige Arbeitnehmer und ihre Interessenvertretungen vor große Herausforderungen. Die Wirtschaftswelt real zu beschreiben und dennoch positive Aspekte der Wirtschaftstheorien herauszuarbeiten, war mein Anliegen.

Dieses Buch hegt nicht den Anspruch auf Vollständigkeit. Vielmehr ist es gedacht, um einen Überblick über Methoden und Instrumente der Betriebswirtschaftslehre zu geben. Die Verknüpfungen aus Theorie und Praxis ermöglichen einen kleinen Einblick in das große Ganze, die Zusammenhänge zwischen der Volkswirtschaft und Betriebswirtschaft, den Rechtswissenschaften sowie Sozialwissenschaften.

Viele Wirtschaftsbegriffe prägen den täglichen Sprachgebrauch und oft wirkt Sprache rein funktionell. Nun ist es nicht möglich in einem Grundlagenbuch der Betriebswirtschaft poetische Klänge ertönen zu lassen, dennoch hoffe ich, den richtigen Ton gefunden zu haben, um Praktikern den Einstieg zu ermöglichen und Neugier zu wecken. Besonders liegen mir die Betriebsräte dieses Landes am Herzen, die neben ihrer eigentlichen beruflichen Tätigkeit das Ehrenamt als Arbeitnehmervertretung übernehmen. Eine Vielzahl von Aufgaben fordert ihr Wissen, im Bereich von Gesetzgebung, in Themen der Organisation und Unternehmensführung. Nach jedem Kapitel, sowie innerhalb dieser, wird explizit auf die Handlungsoptionen des Betriebsrats nach Betriebsverfassungsrecht verwiesen. Viel Erfolg!

Mein besonderer Dank gilt Dr. Karl Michael Scheriau, der mich ermutigte ein Grundlagenbuch der Betriebswirtschaftslehre für Praktiker, Betriebsräte und Studierende zu verfassen. Einen weiteren Dank richte ich an meine Mutter Antje König, die nicht müde wurde, Korrekturen vorzunehmen und Inhalte zu hinterfragen.

Berlin, im November 2017 Katrin König

BWL Grundlagen
Wie wirtschaften Betriebe?

Basiswissen für Praktiker, Betriebsräte und Studierende

1 Betriebswirtschaftslehre: Einführung und Abgrenzung

1.1 Begriffe und Bedeutung der Betriebswirtschaftslehre

Die "Wirtschaft" bezeichnet die Herstellung von Produkten und Dienstleistungen mit dem Zweck, diese zu veräußern und besser noch, einen Gewinn zu erzielen. In den letzten Jahrhunderten entwickelte sich die Produktions- und Handelswirtschaft von der Wirtschaft der knappen Güter zu einer globalisierten Wirtschaftsmacht mit einem zunehmenden Angebotsüberschuss.

In der Volkswirtschaftlehre werden drei Produktionsfaktoren unterschieden: Arbeit, Boden und Kapital.

Die allgemein anerkannte Betriebswirtschaftslehre (seit Erich Gutenberg in den 1950iger Jahren) unterscheidet drei Elementarfaktoren:

1. die menschliche Arbeitsleistung,
2. die Betriebsmittel (Gebäude, Maschinen, Werkzeuge) und
3. die Werkstoffe (Rohstoffe, Zukaufteile).[1]

Zusätzlich wird der dispositive Faktor der menschlichen Arbeitsleistung benannt, der sich arbeitsplatzübergreifend darstellt. Die dispositiven Leistungen werden zunehmend von Führungskräften erbracht, die auf operativer, taktischer oder strategischer Ebene im Bereich der Organisation, Planung und Kontrolle tätig sind. Auf die Elementarfaktoren sowie den dispositiven Faktor wird in den weiteren Kapiteln wiederholt eingegangen.

Das 21. Jahrhundert ist gekennzeichnet durch die Zunahme von Immobilien-, Industrie- und Finanzkapital. Unternehmenszusammenschlüsse führen zu einer Konzentration von Wirtschaftsubjekten, die sich am Markt durch Monopolstellung präsentieren. Diese Marktstellung beeinflusst das Prinzip von Angebot und Nachfrage und setzt dadurch die Grundvoraussetzung der Marktwirtschaft außer Kraft. Bei der Erbringung einer Leistung entsteht ein Konflikt bei der Verteilung von Arbeitseinkommen und Kapitaleinkommen. Doch in Zeiten einer globalen Dienstleistungsgesellschaft ist der Faktor Arbeit entscheidend.

---

[1] Vgl. Vahs /Schäfer-Kunz, Einführung in die Betriebswirtschaftslehre

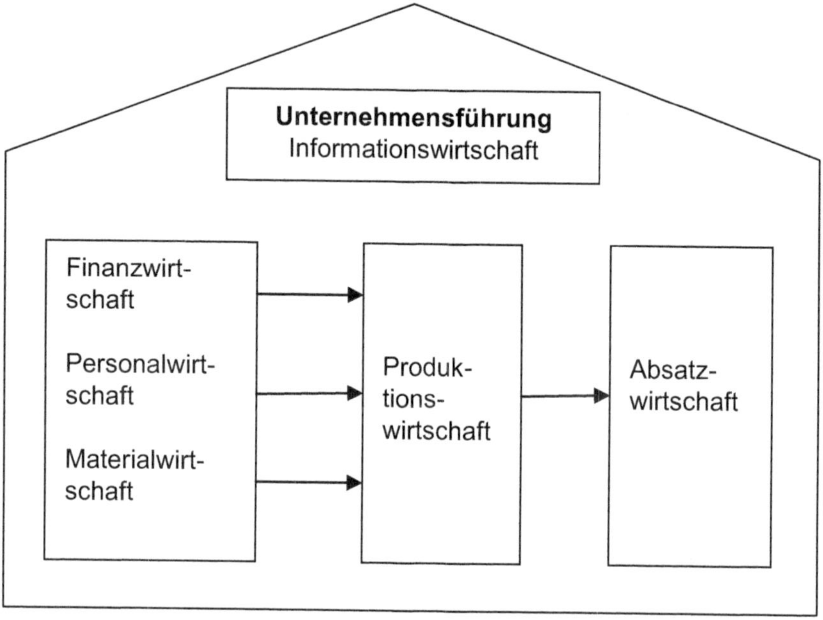

Abb. Katrin König: Funktionsbereiche der Betriebswirtschaft

1.2 Das ökonomische Prinzip

Menschen haben Bedürfnisse, aus denen leitet sich Bedarf ab und diesen Bedarf wollen Unternehmen befriedigen. Es entsteht ein Prozess des Wirtschaftens im Rahmen von Transformations- beziehungsweise Leistungsprozessen. Die menschliche Arbeitskraft (plus Betriebsmittel und Werkstoffe) als Input gesehen, wird einen Output in Form eines Produktes oder auch einer Dienstleistung erzeugen.

In der Wirtschaft ist die Verhältnismäßigkeit von Mitteleinsatz und Ergebnis bedeutend. Das ökonomische Prinzip kann sich durch unterschiedliche Ansätze darstellen.[2]

[2] Vgl. Schultz, Basiswissen Betriebswirtschaft

Maximalprinzip:
Bei gegebenem Mitteleinsatz (mengen- und wertmäßiger Input) soll ein maximales Ergebnis produziert bzw. erzielt werden.

Minimalprinzip:
Mit minimalem Mitteleinsatz soll ein bestimmtes Ergebnis (mengen- und wertmäßiger Output) erreicht werden. Dies wird in der Praxis leider oft durch Kostenreduzierung erreicht, z.B. Personalkosten.

Optimalprinzip:
Es soll bei variablem Mitteleinsatz und Ergebnis das Verhältnis zwischen Mitteleinsatz und Ergebnis optimiert werden.

Güter
Güter sind Mittel die in den Transformationsprozess eingehen und auch wieder aus ihm hervorgehen. Als Inputgüter werden die menschliche Arbeitskraft, Betriebsmittel und Werkstoffe bezeichnet. Outputgüter gehen aus der Transformation hervor und stellen sich als Ergebnisse, Eigenleistungen und Erzeugnisse dar, die ihren Absatz in Produkten wie Dienst- und Sachleistungen finden. Unterschieden werden:

Freie Güter stehen unbegrenzt und kostenlos zur Verfügung wie Sonne, Licht oder Wüstensand.

Wirtschaftliche Güter sind begrenzt und nicht kostenlos verfügbar und werden als materielle Güter, wie Konsumgüter oder Sachgüter (Kleidung, Elektronik, Autos, Nahrungsmittel) und als Investitionsgüter in Unternehmen (Maschinen, technische Anlagen) bezeichnet.
Immaterielle Güter sind Dienstleistungen z.B. im Handwerk und Rechte wie Marken und Patente.

Märkte
Beim Wechsel von Gütern zwischen den Wirtschaftssubjekten bilden sich Märkte. Durch Angebot und Nachfrage werden den Gütern am Markt bestimmte Werte zugesprochen, die als Preis definiert sind. Märkte unterscheiden sich nicht nur inhaltlich in Arbeits-, Beschaffungs-, Kapital- und Absatzmärkte, sondern auch durch verschiedene Marktformen.

Die Verteilung von Marktanteilen, der im Wettbewerb stehenden Unternehmen, ist entscheidend für eine funktionierende Marktwirtschaft.

Durch Unternehmenszusammenschlüsse und die Konzentration weniger Unternehmen in bestimmten Marktsegmenten, bilden sich zunehmend Monopole (ein Anbieter) sowie Oligopole (wenige Anbieter).

Diese werden im Gesetz der Wettbewerbsbeschränkungen § 19 definiert und mittels Kartellbehörden untersucht. Funktionierende Märkte sollen den Konsumenten durch Angebotsvielfalt und Preiswettbewerb schützen, wie es sich durch die Marktform des Polypols (viele Anbieter) im Sinne der vollkommenen Konkurrenz ergibt.

Die vielleicht berühmteste Formulierung in der Ökonomie stammt von Adam Smith (geboren 1723, gestorben 1790) "die unsichtbare Hand des Marktes". Dieser Satz führte meist zu dem Missverständnis, dass Smith die Einmischung vom Staat nicht dulde. Doch dies ist ein Irrtum, denn Smith interpretierte die Arbeit als Quelle allen Reichtums und erklärte mit dem Prinzip der Arbeitsteilung die Entstehung von Handel und Märkten.

Wirtschaftskreislauf mit zwei Sektoren
Das einfache Modell zeichnet den Tauschprozess zwischen privaten Haushalten und Unternehmen. Die Haushalte stellen den Unternehmen Produktionsfaktoren zur Verfügung und erhalten als Gegenleistung Lohn bzw. Gehalt (für die Arbeit), Zinsen und Dividenden (für das Kapital) oder Mieteinnahmen (für den Boden). Durch das Einkommen der Haushalte können produzierte Güter konsumiert werden.

Sowohl Einkommen und Güter stammen von den Unternehmen. Sollten die Haushalte ihr gesamtes Einkommen für den Kauf von Gütern ausgegeben und die produzierten Güter der Unternehmen komplett konsumiert werden, ist der Kreislauf geschlossen. Weitere theoretische Modelle beziehen den Sektor Staat mit ein, der öffentliche Güter wie Subventionen, Schulen, Krankenhäuser, Autobahnen oder Grünanlagen erstellt.[3]

---

[3] Vgl. Vahs / Schäfer-Kunz, Einführung in die Betriebswirtschaftslehre

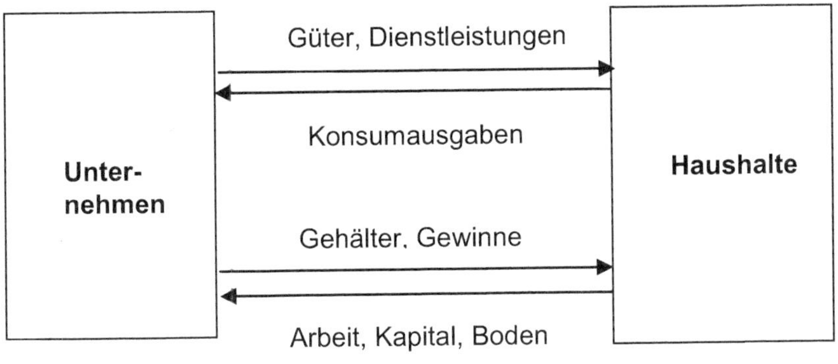

Abb. Katrin König: Wirtschaftskreislauf

1.3 Abgrenzung von Wirtschaftssubjekten, Haushalt und Betrieb

An der Konsumwirtschaft sind Haushalte und Betriebe beteiligt, die als Nachfrager und Anbieter am Markt auftreten. Haushalte konsumieren, um ihre Bedürfnisse zu befriedigen, Betriebe produzieren und setzen Güter ab. Betriebe können öffentliche Betriebe und Einrichtungen, wie Krankenhäuser, Verkehrsbetriebe, Energieversorger, Sparkassen, Theater und Rundfunkanstalten sein. Diese Betriebe können mehrheitlich Bund, Ländern und/oder Kommunen gehören.

Bei privaten Betrieben gilt das Prinzip des Privateigentums, da Verfügungsrecht und Gewinn der Betriebe meist im Besitz von Privatpersonen liegen. Private Betriebe tragen selbst das Marktrisiko und werden im markwirtschaftlichen Wirtschaftssystem auch als Unternehmen bezeichnet.

Meist wird der Begriff des Betriebes für die technische Einheit (Produktion und Dienstleistungserstellung) verwendet, hingegen der Begriff der Unternehmung sein Dasein in der kaufmännischen Einheit (Rechnungslegung und Marktauftritt) findet. Eine stärkere Differenzierung wird im Kapitel 3 der Unternehmensführung erfolgen.

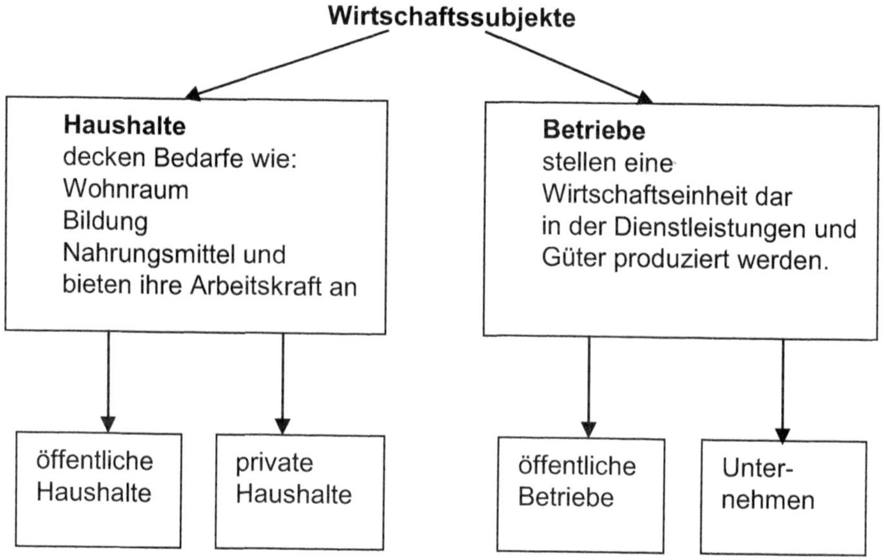

Abb. Katrin König: Wirtschaftssubjekte

Zusätzlich zu den Begriffen Betrieb und Unternehmen existiert die Bezeichnung "Firma", die im § 17 HGB geregelt wird. Die Firma eines Kaufmanns ist der Name, unter dem der Unternehmer am Markt öffentlich auftritt. Es lassen sich folgende Firmenarten unterscheiden:

- Personenfirma (zusammengesetzt aus einem oder mehreren Personennamen)
- Sachfirma (betitelt meist den Unternehmensgegenstand)
- Fantasiefirma (häufig eine werbewirksame Bezeichnung)
- gemischte Firma (enthält sowohl Personennamen und Unternehmensgegenstand)

Die Wahl der Firma ist auch von der Rechtsform des Unternehmens abhängig, die z. B. bei Einzelkaufleuten die Bezeichnung "eingetragener Kaufmann" bzw. "eingetragene Kauffrau" enthalten muss (Kapitel 2.1.1). Dieser Zusatz ist auch auf Visitenkarten, Handouts oder in Geschäftsbriefen zu verwenden. Weiterhin werden rechtliche Grundsätze für eine Firma definiert, wie:

1. Firmenwahrheit
   Die Firma muss den tatsächlichen Rechtsverhältnissen entsprechen, die z. B. über Größe und Finanzkraft des Unternehmens informiert.
2. Firmenklarheit
   Die Formulierung darf Außenstehende nicht über geschäftliche Verhältnisse irreführen.
3. Firmenausschließlichkeit
   Die Bezeichnung der Firma muss einzigartig am Ort sein. Bei Eintragung ins Handelsregister erfolgt eine Prüfung.
4. Firmenbeständigkeit
   Beim Wechsel von Inhabern darf die Firma weitergeführt werden, muss jedoch prüfen, ob sich die Rechtsform verändert.
5. Firmenöffentlichkeit.
   Durch Eintragung im Handelsregister wird die Öffentlichkeit über die Gründung der Firma informiert.[4]

1.4 Internes und externes Unternehmensumfeld

Für die wirtschaftliche Stellung am Markt werden regelmäßig Unternehmensumfeldanalysen durchgeführt, um Stärken, Schwächen, Chancen und Risiken (SWOT-Analyse) zu ermitteln. Diese Analyse wird in regelmäßigen Abständen erfolgen, um eine Veränderung der Marktstellung zu ermitteln. Ein Unternehmen wird sowohl intern und extern von seinen Anspruchsgruppen beeinflusst. Die Wahl von Rechtsform und Standort sind Rahmenbedingungen, die ein Unternehmer bewusst wählt. Gesetzliche Vorgaben in Form von Steuern sowie die Infrastruktur und Bildung der Gesellschaft oder die Demographie, gespiegelt durch Geburtenraten, aber auch der Wettbewerb am Markt zählen zu den externen Anspruchsgruppen.

---

[4] Vgl. Be Partners, Büromanagement

Maßgeblichen Einfluss hat ein Unternehmer auf die internen Anspruchsgruppen, die nicht weniger wichtig für den zukunftsweisenden Unternehmenserfolg sind. Die Auswahl der:

- geeigneten Mitarbeiter und Führungskräfte in qualitativer Hinsicht,
- die kundenorientierte Produkt- und Preispolitik
- die Auswahl der optimalen Lieferanten sowie
- die Mitbestimmung der Arbeitnehmervertreter wirken sich auf die betrieblichen Funktionsbereiche aus.

Besonders Fremdkapitalgeber haben ein Interesse an einer sicheren Kapitalanlage und einer hohen Verzinsung, ihnen wird ein Unternehmer vorrangig Rechnung tragen.

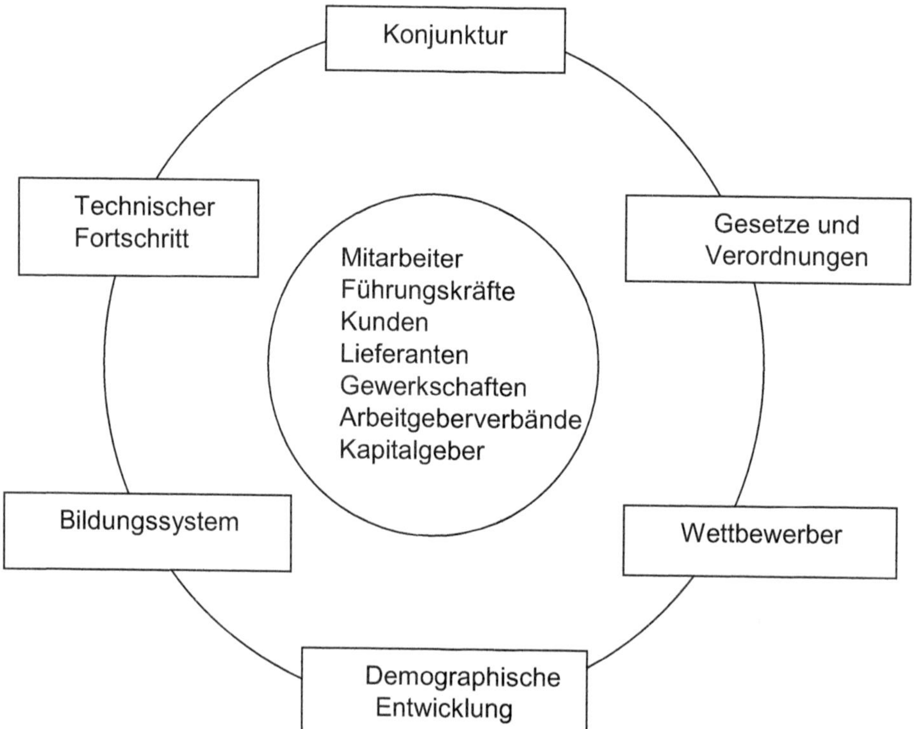

Abb. Katrin König: Internes und externes Unternehmensumfeld

1.5 Soziale Marktwirtschaft

Die Marktwirtschaft soll eine Entscheidungsfreiheit für alle Wirtschaftssubjekte ermöglichen, die wiederum durch Angebot und Nachfrage auf nicht regulierten Märkten aufeinander treffen. Haushalten und Unternehmen wird jeweils das Prinzip der Gewinnerzielung unterstellt und ein von Eigennutz motivierter freier Wettbewerb könnte entstehen. So schön so gut. Jedoch ist Privateigentum ein wesentlicher Bestandteil und Voraussetzung, um Güter zu erzeugen und Erträge hervorzubringen.

Das Hauptproblem heute ist die ständige Konzentration von Unternehmensfusionen auf globaler Ebene, die das Zusammenwirken von Angebot und Nachfrage negativ beeinflussen. Monopolistische Unternehmensgesellschaften besitzen einen großen Teil des gesamten Kapitals der Weltwirtschaft. Im Jahr 2016 besaßen die acht reichsten Männer der Welt knapp 400 Milliarden Euro.[5]

Die Marktwirtschaft in Deutschland wird nach wie vor als Soziale Marktwirtschaft bezeichnet, da dem Staat ermöglicht wird in die individuellen Freiheiten, unter bestimmten Bedingungen, einzugreifen. Im Art.14 GG heißt es:" Eigentum verpflichtet. Sein Gebrauch soll zugleich dem Wohle der Allgemeinheit dienen."

Das Grundgesetz Artikel 20 Abs. 1 sowie Artikel 28 Abs. 1 definieren die Sozialstaatlichkeit. Weiterhin regelt die Sozialordnung die Einkommensverteilung zugunsten der sozial Schwächeren, wie beispielsweise durch eine progressive Einkommenssteuer oder die Beiträge der Sozialversicherungen, die von der Höhe des Einkommens der Arbeitnehmer abhängig sind.

Nach dem Betriebsverfassungsgesetz haben Betriebsräte keine Mitbestimmung in wirtschaftlichen Angelegenheiten. Sie haben Informations- und Anhörungsrechte, doch in letzter Konsequenz entscheidet der Eigentümer des Unternehmens über die wirtschaftliche Zukunft. Dies regelt der § 903 BGB "Der Eigentümer einer Sache kann, soweit nicht das Gesetz oder Rechte Dritter entgegenstehen, mit der Sache nach Blieben verfahren und andere von jeder Einwirkung ausschließen. ..."

[5] Vgl. Oxfam-Studie, https://www.taz.de/Archiv-Suche/!5269014/

Beteiligung von Betriebsräten

In diesem Kapitel wurden Grundlagen des Wirtschaftens sowie das Unternehmensumfeld näher betrachtet. Die Menschen und ihre Arbeitsleistungen stehen im Mittelpunkt des Unternehmens und spiegeln die Gesellschaft durch Demographie, Bildung und Werte wider.

Der § 80 (1) BetrVG gibt dem Betriebsrat eine große gesellschaftliche Verantwortung, insbesondere nach der Novellierung im Jahr 2001. Die Inhalte der 9 Ziffern des Paragraphen beziehen sich:

- auf Gesetze und Verordnungen,
- auf die Gleichstellung von Frauen und Männern,
- auf die Vereinbarkeit von Familie und Erwerbstätigkeit,
- auf die Eingliederung Schwerbehinderter,
- auf die Wahl der Jugend- und Auszubildendenvertretung,
- auf die Beschäftigung älterer Arbeitnehmer,
- auf die Integration ausländischer Arbeitnehmer und
- die Beschäftigungssicherung im Unternehmen.

Diese Themen und Inhalte muss ein Betriebsrat überwachen, schützen und gestalten. Um den wichtigen Aufgaben gerecht zu werden, benötigt das Gremium Informationen, die der Arbeitgeber nach § 80 (2) BetrVG rechtzeitig und umfassend unaufgefordert zur Verfügung stellen muss. Es ist den Gremien zu empfehlen, eine klare Verteilung der Aufgaben an die Betriebsratsmitglieder zu delegieren und in regelmäßigen Intervallen die Arbeitsplätze der Kollegen zu besuchen. Grundsätzlich lebt die Betriebsratsarbeit auch vom Vertrauen und der Offenheit der Kollegen, die Probleme an den Betriebsrat herantragen.

Die Rechte und Pflichten, die sich aus dem Ehrenamt der Betriebsratsarbeit ergeben, stellen für die Gesellschaft ein hohes Gut dar und können nicht genug gewürdigt werden. Wer wird wann und zu welchen Bedingungen im Unternehmen tätig? Mit diesen Fragen werden sich die Arbeitnehmervertreter, durch Zunahme von Globalisierung und Digitalisierung, zunehmend stärker beschäftigen müssen.[6]

[6] Vgl. Scheriau, Einführung in die Betriebsratsarbeit

2 Rechtsgrundlagen

2.1 Rechtsformen

Die Wahl der Rechtsform wird durch den Unternehmer bei Gründung bestimmt, sie kann allerdings auch später verändert werden, es wird dann auch von einer Umwandlung gesprochen. Folgende Bereiche werden durch eine Rechtsform hinterfragt:

- ✓ Wer haftet und in welcher Höhe?
- ✓ Wie hoch ist der Mindestkapitalbedarf?
- ✓ Wer leitet das Unternehmen?
- ✓ Wie werden Gewinne und Verluste verteilt?
- ✓ Welche Art der Finanzierungsmöglichkeiten sind gegeben?
- ✓ Welche steuerlichen Belastungen sind zu erwarten?
- ✓ Wie wird die Mitbestimmung der Arbeitnehmer erfolgen?

2.1.1 Einzelunternehmen

Diese Unternehmensform wird durch einen Eigentümer definiert, der allein und unbegrenzt mit seinem gesamten Privatvermögen haftet. Als Eigentümer erhält er die Gewinne des Unternehmens, trägt aber auch sämtliche Verluste. Als Einzelunternehmer ist er im Handelsregister eingetragen und erhält den Titel "eingetragener Kaufmann" und muss dies in seiner Firmierung kenntlich machen (e.K., e.Kfm. oder e.Kfr.). Nach §18 EStG benötigen Freiberufler und Landwirte keine Eintragung als eingetragene Kaufleute.

Das Unternehmen zahlt auf seinen Gewinn keine Steuern, da die Gewinne direkt dem Eigentümer zugerechnet werden. Er muss den Gewinn jedoch als Einkommen versteuern und erhält weiterhin das Recht, finanzielle Mittel sowie Sachgüter dem Unternehmen stets zu entnehmen.[7]

[7] Vgl. Schultz, Basiswissen Betriebswirtschaft

2.1.2 Personengesellschaft

Bei dieser Rechtsform lassen sich die BGB-Gesellschaft (GbR), die offene Handelsgesellschaft (OHG) und die Kommanditgesellschaft (KG) unterscheiden. Bei einer Personengesellschaft schließen sich mehrere Gesellschafter bei Gründung zusammen, wobei alle oder ein Gesellschafter mit ihrem Privatvermögen unbegrenzt haften.

BGB-Gesellschaft
Die Gesellschaft bürgerlichen Rechts existiert auf der Rechtgrundlage der §§ 705ff. BGB. Mehrere Personen schließen sich zur Förderung eines gemeinsamen Zwecks zusammen und bringen ihre Leistung gemeinsam ein (Beispiel: Anwaltssozietäten, Gemeinschaftspraxen).

Die Rechtsgrundlage bildet ein Gesellschaftsvertrag, theoretisch sind selbst mündliche Absprachen möglich. Die Gesellschafter haften uneingeschränkt gemeinsam, aber auch als Einzelperson für die gesamten Schulden der Gesellschaft. Durch Kündigung oder Tod eines Gesellschafters erlischt die BGB-Gesellschaft.

OHG
Hierbei handelt es sich um mindestens zwei gleichberechtigte Eigentümer (Gesellschafter), die die Gewinne erhalten und die Verluste unbegrenzt tragen, auch mit ihrem Privatvermögen. Der Gesellschaftsvertrag regelt die Verteilung der Gewinne und Verluste. Sollten keine Regelungen getroffen sein, gelten § 105 bis §160 HGB.

KG
Auch bei der Kommanditgesellschaft schließen sich mehrere Gesellschafter zusammen, jedoch kann bei einem Teil der Gesellschafter die Haftung auf die Kapitaleinlage begrenzt werden. Gesellschafter, die uneingeschränkt mit ihrem Privatvermögen haften, werden als Komplementäre bezeichnet.

Die Gesellschafter die nur mit ihrer Kapitaleinlage haften, werden als Kommanditisten bezeichnet und sind dadurch nicht ermächtigt, in der Geschäftsführung tätig zu sein. Gewinne und Verluste werden auch hier im Gesellschaftsvertrag geregelt. Sollten keine Festlegungen bestehen, gilt eine gesetzliche Vorschrift nach HGB.[8]

[8] Vgl. Vahs / Schäfer-Kunz, Einführung in die Betriebswirtschaftslehre

2.1.3 Kapitalgesellschaften

Kapitalgesellschaften haften ausschließlich mit dem Gesellschaftsvermögen, daher stellt der Gesetzgeber spezielle Anforderungen an Buchführung, Bilanzierung und die Ausschüttung von Anteilen. Die Kapitalgesellschaft ist somit eine "juristische Person" (mit Eintrag in das Handelsregister), die bei Gründung:

- ✓ einen Gesellschaftsvertrag abschließen,
- ✓ einen Mindestanteil der Einlagen einzahlen und
- ✓ die Gesellschaft im Handelsregister registrieren lassen muss.

Weitere Merkmale dieser Rechtsform sind, eine mögliche Trennung von Geschäftsführung und der Beteiligung an der Gesellschaft. Weiterhin sind auch die Gesellschaftsanteile stets veräußerbar sowie übertragbar. Zwei der wesentlichsten Formen der Kapitalgesellschaften sind die GmbH und die AG (Kapitel 2.1.3 Seite 4).

GmbH
Zur Gründung einer GmbH wird nur eine Person benötigt, die als natürliche sowie juristische Person auftreten kann. Die Mindestanforderungen an den Gesellschaftsvertrag sind:

- die Firma und dessen Sitz,
- der Gegenstand der Gesellschaft,
- das Stammkapital und
- die Stammeinlagen der Gesellschafter.

Das Mindestkapital (Stammkapital) beträgt 25.000 Euro. Die Veräußerung von Anteilen notariell zu beurkunden kann die Zustimmung der Gesellschafter verlangen, bei entsprechender Festlegung im Gesellschaftsvertrag. Der Geschäftsführer einer GmbH erstellt den Jahresabschluss, über die Verwendung von Gewinnen oder Verlusten entscheiden die Gesellschafter.

Im Oktober 2008 hat der Bundestag eine Modernisierung des GmbH-Rechts beschlossen. Seitdem ist es bei Neugründung möglich eine Unternehmergesellschaft, haftungsbeschränkt (UG) zu gründen, die eine symbolische Einlage von 1,00 Euro als Stammkapital leistet.[9]

---

[9] Vgl. Schultz, Basiswissen Betriebswirtschaft

Eine UG soll nach Möglichkeit zu einer GmbH heranwachsen, daher darf sie solange keine Gewinne ausschütten, bis das Mindeststammkapital erreicht wird. Jährlich sind mindestens 25 Prozent des Gewinns einzuzahlen, bis die Höhe von 25.000 Euro erreicht wird. Nach dem GmbHG muss ein Unternehmen dieser Rechtsform einen oder mehrere Geschäftsführer haben.

AG

Nach § 2 Aktiengesetz genügt eine Person als Gründer, die ein Grundkapital von einem Nennbetrag von mindestens 50.000 Euro aufbringt und zwingend 25 Prozent dieses Betrages einzahlt. Die Organe der AG sind der Vorstand als eigenverantwortliches, nicht weisungsgebundenes Leitungsorgan sowie der Aufsichtsrat, der den Vorstand für fünf Jahre bestellt und der aus mindestens drei Personen besteht.

Das oberste Organ ist die Hauptversammlung, in der alle Aktionäre innerhalb der ersten acht Monate eines neuen Geschäftsjahres, die Aktionärsvertreter des Aufsichtsrates wählen. Weiterhin wird in der Hauptversammlung über die Gewinnverwendung beraten und abgestimmt.

In der Satzung des Gesellschaftsvertrages einer AG sind:

- der Sitz,
- die Art der Erzeugnisse und Waren,
- die Höhe des Grundkapitals,
- der Nennbetrag,
- die Zahl und Gattung der Aktien sowie
- die Zahl der Vorstandmitglieder festzulegen.[10]

[10] Vgl. Vahs / Schäfer-Kunz, Einführung in die Betriebswirtschaftslehre

2.2 Arbeitsrecht

2.2.1 Wichtige Gesetze und ihre Rangfolge

Die Gesetzgebung bildet den rechtlichen Rahmen für unternehmensinterne sowie -externe Handlungen. Zahlreiche Einzelgesetze und Verordnungen sowie Tarifverträge und Betriebsvereinbarungen regeln sowohl die Beziehungen zwischen Arbeitgebern und Arbeitnehmern, als auch zwischen Arbeitgebern und Lieferanten sowie Kunden.

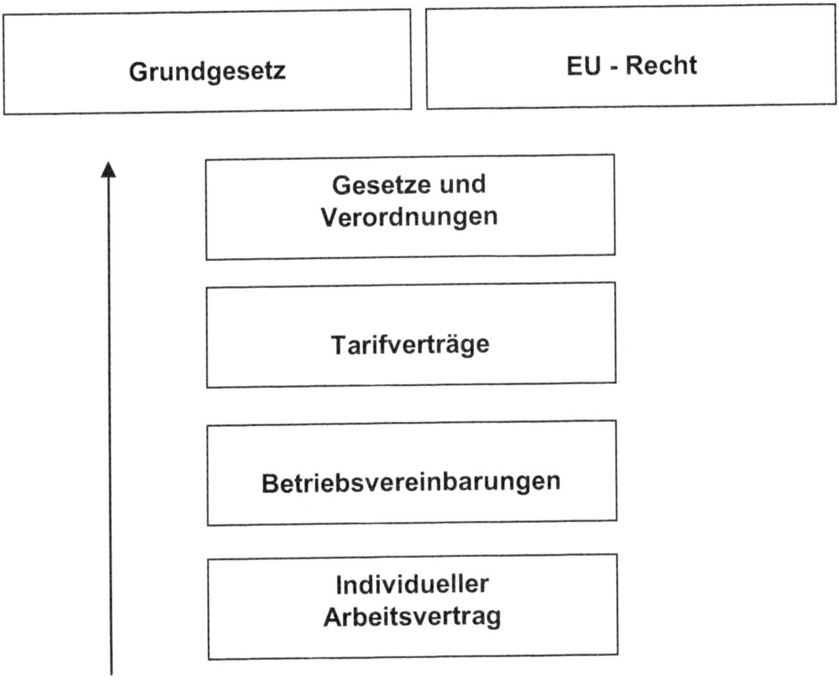

Die Rechtsnormen definieren sich durch ein Rangfolgeprinzip. Die ranghöhere Norm ist maßgebend gegenüber der rangniedrigen Norm. Somit kann eine rangniedrige Norm Personen nicht schlechter stellen, als die ranghöhere Norm. Ein Beispiel (siehe Abbildung): Inhalte im individuellen Arbeitsvertrag können nur gleichwertig oder besser geregelt werden, als Gesetze und Verordnungen den Sachinhalt bereits regeln. Arbeitsvertragsinhalte werden sich daher meist auf Gesetze beziehen.[11]

[11] Vgl. Jung, Personalwirtschaft

Das Europarecht strebt nach einer Rechtsangleichung sowie Vereinheitlichung innerhalb europäischer Länder durch völkerrechtliche Verträge, Gemeinschaftsverträge und Richtlinien. Das ermöglicht den Einfluss auf die nationalen arbeitsrechtlichen Vorschriften. Im EG-Vertrag wird in Artikel 39 ff EGV die Freizügigkeit der Arbeitnehmer sowie im Artikel 141 EGV die Lohngleichheit von Männern und Frauen geregelt. Zusätzlich wird, durch den Erlass von Richtlinien, der nationale Gesetzgeber verpflichtet, vorhandene Gesetze zu berichtigen oder neue Regelungen umzusetzen.

Das Grundgesetz stellt das ranghöchste nationale Gesetz dar und hat, auch ohne eigene Arbeits- und Sozialordnung, starke Auswirkungen auf das Arbeitsrecht. Verstoßen Rechtsnormen, Gesetze oder Richtlinien gegen das Grundgesetz, so sind diese nichtig. Beispiele finden sich im:

Artikel 2 Abs. 1 GG: Das allgemeine Persönlichkeitsrecht
Artikel 3 Abs. 2 GG: Die Gleichberechtigung von Mann und Frau
Artikel 9 Abs. 3 GG: Die Koalitionsfreiheit
Artikel 12 Abs.1 GG: Die freie Wahl von Beruf und Arbeitsplatz

2.2.2 Begriffe des Arbeitsrechts

Im Arbeitsrecht werden Beziehungen zwischen Arbeitnehmern und Arbeitgebern auch als Individualrecht bezeichnet. Die Beziehungen zwischen Gewerkschaften und Arbeitgebern werden im sogenannten Kollektivrecht geregelt.

Arbeitnehmer im Sinne des Gesetzes ist, wer in Abhängigkeit und damit fremdbestimmt die Arbeit im Dienst eines anderen leistet. Der Arbeitnehmer ist somit im Umfang der Weisung gebunden an Arbeitsort, Arbeitszeit und -inhalt. Weiterhin ist er in die Unternehmensorganisation eingebunden und wird aufgrund eines Arbeitsvertrages nach §§ 611 ff. BGB tätig. Hierbei handelt es sich um eine zweiseitige Willenserklärung.

Als Arbeitgeber wird bezeichnet, wer mindestens einen Arbeitnehmer beschäftigt. Dabei kann es sich um eine natürliche oder juristische Person (z.B. AG, GmbH) handeln oder um eine Person des öffentlichen Rechts (z.B. eine Gemeindeverwaltung).[12]

[12] Vgl. Jung, Personalwirtschaft

2.2.3 Kollektives Arbeitsrecht

2.2.3.1 Tarifvertragsrecht

In Deutschland beruht das Tarifvertragsrecht auf der geltenden Tarifautonomie, die sich aus Artikel 9 Abs.3 GG ableitet und das Zusammenwirken der Sozialpartner durch Anwendung des Tarifvertragsgesetzes regelt. Tarifverträge werden als schriftliche Vereinbarungen zwischen Gewerkschaften und Arbeitgeberverbänden abgeschlossen, als Verbandstarifvertrag oder mit einzelnen Arbeitgebern als Haustarifvertrag.

Der Geltungsbereich von Tarifverträgen umfasst grundsätzlich nur die Mitglieder der Tarifparteien, also die Arbeitnehmer die in einer Gewerkschaft organisiert sind. Jedoch nehmen viele Arbeitsverträge Bezug auf den Tarifvertrag und erklären somit den Tarifvertrag oder einzelne Bestandteile davon für das Arbeitsverhältnis verbindlich, dadurch findet er auch Anwendung für nicht organisierte Arbeitnehmer.

In Tarifverträgen werden Rechte und Pflichten der Vertragsparteien geregelt. Sie enthalten Rechtsnormen über den Inhalt (Entlohnung, Arbeitszeit, Urlaub), den Abschluss und die Beendigung von Arbeitsverhältnissen sowie betriebliche und betriebsverfassungsrechtliche Fragen. Dieser normative Teil von Tarifverträgen stellt Mindeststandards dar, die zugunsten des Arbeitnehmers z.B. durch den individuellen Arbeitsvertrag oder durch Betriebsvereinbarungen abweichen können. Jedoch ermöglichen auch tarifvertragliche Öffnungsklauseln nach § 77 Abs. 3 BetrVG eine Abweichung zulasten der Arbeitnehmer, wenn schwerwiegende Unternehmensgründe vorliegen.

Der schuldrechtliche Teil von Tarifverträgen regelt das Verhältnis der Tarifparteien untereinander und legt folgende Verpflichtungen fest:
1. Durchführungspflicht: Die Verpflichtung der Tarifparteien den Vertrag einzuhalten und die Mitglieder über die Vertragsinhalte zu informieren.
2. Friedenspflicht: Die Verpflichtung, Streiks und Aussperrungen für die Dauer des Tarifvertrages zu unterlassen und frühestens nach Ablauf und gescheiterten Verhandlungen über einen neuen Tarifvertrag in den Arbeitskampf zu gehen.
3. Nachwirkungspflicht: Die Verpflichtung, dass ein Tarifvertrag auch nach Ablauf seine Gültigkeit behält bis eine neue Vereinbarung erfolgt.[13]

[13] Vgl. Holtbrügge, Personalmanagement

2.2.3.2 Betriebsverfassungsrecht

Einen weiteren Bereich des kollektiven Arbeitsrechtes bildet die betriebliche Mitbestimmung durch das 1952 in Kraft getretene Betriebsverfassungsrecht. In den Jahren 1972 und 2001 wurde das Betriebsverfassungsgesetz novelliert. Nach § 1 BetrVG ist die Gründung eines Betriebsrats in Betrieben mit mindestens fünf ständigen, wahlberechtigten Arbeitnehmern zugelassen, von denen drei wählbar sein müssen. Der Betriebsrat vertritt die Arbeitnehmer im Betrieb und wird von der Belegschaft für eine Amtszeit von vier Jahren gewählt. Die Größe des Betriebsrats richtet sich nach der Zahl der Arbeitnehmer im Betrieb (§ 9 BetrVG) und sieht ab einer Belegschaftsgröße von 200 Mitarbeitern vor, nach § 38 BetrVG mindestens ein Betriebsratsmitglied von der Arbeit freizustellen. Weiterhin stellt die Betriebsratsarbeit ein Ehrenamt dar und unterliegt somit nicht dem Weisungsrecht des Arbeitgebers.

Die allgemeinen Aufgaben des Betriebsrats werden im § 80 BetrVG geregelt und verpflichten ihn zur Überwachung, Gestaltung und zum Schutz der Arbeitnehmerrechte. Seine uneingeschränkte Mitbestimmung erhält der Betriebsrat über den § 87 (1) BetrVG mit seinen 13 Ziffern. Die Ziffern regeln u.a. die sozialen Belange der Arbeitnehmer, wie die Ordnung im Betrieb, die Lage der täglichen Arbeitszeit, die Regelung von Mehrarbeit, die Erstellung von Richtlinien für die Urlaubsplanung, die Verteilung von Prämien und deren Grundsätze. Sollte zwischen Arbeitgeber und Arbeitnehmer keine Einigung erzielt werden, wird der Spruch der Einigungsstelle entscheiden.

Der Betriebsrat hat weiterhin die Möglichkeit durch seine Mitwirkungsrechte Informationen für die Personalplanung (§92 BetrVG) einzufordern, seine Zustimmung unter Angabe von Gründen zur Einstellung, Versetzung und Eingruppierung sowie Umgruppierung (§ 99 BetrVG) zu verweigern und Kündigungen (§ 102 BetrVG) zu widersprechen. Im § 74 BetrVG wird die vertrauensvolle Zusammenarbeit zwischen Arbeitgeber und Betriebsrat geregelt. Folgende Bereiche gliedert das Betriebsverfassungsgesetz:

- Soziale Angelegenheiten (§§87 - 89 BetrVG)
- Gestaltung von Arbeitsplatz und -ablauf (§§ 90 f. BetrVG)
- Personelle Angelegenheiten (§§ 92 - 105 BetrVG)
- Wirtschaftliche Angelegenheiten (§§ 106 -113 BetrVG)

2.2.4 Individuelles Arbeitsrecht

2.2.4.1 Arbeitsvertragsrecht

Der Arbeitsvertrag begründet das Rechtsverhältnis zwischen Arbeitgeber und Arbeitnehmer und definiert Rechte und Pflichten, die in den §§ 611 - 630 BGB geregelt sind. Weiterführende gesetzliche Vorschriften und Sonderregelungen gelten für alle Arbeitnehmer oder für spezielle Berufsbilder und finden Anwendung u.a. in der Gewerbeordnung, im Handelsgesetzbuch, im Kündigungsschutzgesetz, im Entgeltfortzahlungsgesetz, im Allgemeines Gleichbehandlungsgesetz, im Bundesurlaubsgesetz, Teilzeit- und Befristungsgesetz, im Schwerbehindertengesetz und im Mutterschutzgesetz.

Nach in Kraft treten des Nachweisgesetzes im Jahr 1995 ist der Arbeitgeber verpflichtet, spätestens einen Monat nach Beginn des Arbeitsverhältnisses, die wesentlichen Vertragsbedingungen schriftlich im Arbeitsvertrag zu dokumentieren. Folgende Vertragsinhalte sind in den meisten Arbeitsverträgen zu finden:

- Eintrittsdatum
- ggf. Befristung des Arbeitsvertrages
- Dauer der Probezeit
- Kündigungsfristen
- Lage und Dauer der täglichen Arbeitszeit
- Urlaubsanspruch in Tagen
- Art der Tätigkeit
- Lohn oder Gehalt, evtl. nach Tarifgruppen
- Soziale Leistungen
- Wettbewerbsklauseln
- Angaben zur Nebentätigkeit

Das Teilzeit- und Befristungsgesetz trat 2001 in Kraft und findet heute in den meisten Branchen Anwendung. Ein befristetes Arbeitsverhältnis bedarf keiner Kündigung und endet automatisch mit Ablauf der Frist. Das Gesetz ermöglicht eine unbegrenzte Befristung mit sachlichem Grund, wie z.B. Vertretung in Krankheit oder Mutterschutz oder projektbezogenen Tätigkeiten. Ohne sachlichen Grund ist eine Befristung von maximal 24 Monaten zulässig, innerhalb dieser zwei Jahre kann die Befristung dreimalig verlängert werden. Arbeitnehmer haben somit keine langfristige Planungssicherheit und geraten in eine starke Abhängigkeit.

Aus dem Arbeitsverhältnis ergeben sich für Arbeitgeber und Arbeitnehmer Rechte und Pflichten, die sich in Haupt- und Nebenpflichten unterscheiden lassen. Die Rechte der einen Seite sind die Pflichten der anderen Seite.[14]

	Arbeitnehmer	Arbeitgeber
Hauptpflicht	Persönliche Arbeitspflicht	Entgeltzahlungspflicht
Nebenpflichten	Treupflicht Gehorsamspflicht Auskunftspflichten Haftungspflicht Verschwiegenheitspflicht Wettbewerbsverbot	Fürsorgepflicht Weisungspflicht Persönlichkeitsschutz Urlaubsgewährung Zeugnisausstellung

Das individuelle Arbeitsrecht basiert auf der Annahme, dass Arbeitnehmer die schwächere Vertragspartei in wirtschaftlicher und sozialer Hinsicht sind. Daher bestehen Regelungen, die ungerechtfertigte Sanktionen des Arbeitgebers vermeiden sollen. Das Kündigungsschutzgesetz regelt seit der Novellierung im Jahr 2004, dass Arbeitnehmer die in Betrieben mit mehr als zehn Vollzeitmitarbeitern und bereits sechs Monate im Betrieb tätig sind, ein Recht auf eine Kündigungsschutzklage erheben können. Weiterhin sorgt das Arbeitsschutzrecht für Arbeitssicherheit, unter der Berücksichtigung, Gesundheitsgefahren zu vermeiden und die Mitarbeiter vor Arbeitsunfällen zu schützen.

2.2.4.2 Betriebliche Übung

Hierbei handelt es sich nicht um eine allgemeinverbindliche Rechtsnorm, aber um ein rechtsnormähnliches Gestaltungsmittel. Sollte der Arbeitgeber über einen längeren Zeitraum ein bestimmtes Verhalten praktizieren oder dulden, kann ein Arbeitnehmer davon ausgehen, dass der Arbeitgeber auch in Zukunft nach dieser Methode verfährt. Voraussetzung ist, dass zu dem besagten Verhalten keine ausdrückliche Vereinbarung vorliegt.

[14] Vgl. Holtbrügge, Personalmanagement

Beteiligung von Betriebsräten

Nicht nur Gesetze und Verordnungen unterliegen dem Prinzip der Rangfolge, auch Tarifverträge und Betriebsvereinbarungen berücksichtigen die Mindestanforderungen von höherem Recht.

Das Betriebsverfassungsgesetz gibt dem Betriebsrat Rechte. Das Wichtigste ist das Mitbestimmungsrecht (z.B. § 87 BetrVG), Mitbestimmung heißt, dass der Arbeitgeber bestimmte Maßnahmen nur durchführen kann, wenn der Betriebsrat dazu seine ausdrückliche Zustimmung gegeben hat. Das Ergebnis des Mitbestimmungsprozesses wird meist schriftlich festgehalten und von Betriebsrat und Arbeitgeber unterzeichnet. Dieses Schriftstück wird als Betriebsvereinbarung bezeichnet und hat die gleiche Verbindlichkeit wie ein Gesetz.

Eine erzwingbare Betriebsvereinbarung nach § 77 BetrVG hat Urkundencharakter. Bevor der/die Vorsitzende des Betriebsrats die Vereinbarung unterzeichnet, braucht er/sie einen entsprechenden Beschluss des Betriebsratsgremiums. Die Bekanntgabe der Betriebsvereinbarung an alle Mitarbeiter erfolgt durch eine Kopie oder durch das Intranet.

Eine Betriebsvereinbarung in der mitbestimmungspflichtige Tatbestände geregelt sind, wirkt nach Ablauf der Befristung (wenn so festgeschrieben) oder nach Ablauf der Kündigungsfrist bis zum Abschluss einer neuen Vereinbarung nach.

- Die gesetzliche Kündigungsfrist beträgt drei Monate.
- Andere Fristen können geregelt werden.
- Eine bestimmte Laufzeit kann von vornherein festgelegt werden.
- Auch eine fristlose Kündigung ist möglich.

Jedoch sind fristlose Kündigungen nur aus wichtigem Grund möglich oder bei Wegfall der Geschäftsgrundlage.

Eine freiwillige, schriftliche Vereinbarung zwischen Betriebsrat und Arbeitgeber regelt der § 88 BetrVG. Im Gegensatz zur erzwingbaren Betriebsvereinbarung wirkt diese bei Kündigung einer Partei nicht nach, es sei denn, es wird ausdrücklich vereinbart.[15]

[15] Vgl. Scheriau, Soziale Angelegenheiten

3 Unternehmensführung

3.1 Betriebsorganisation

Die Unternehmensführung hat die Aufgabe, das gesamte Unternehmen und die darin ablaufenden Prozesse zielgerichtet und erfolgsorientiert zu steuern.

Grundsätzlich müssen verschiedene Aspekte der Unternehmensführung betrachtet und folgende Fragen im Vorfeld geklärt werden:

- Wer nimmt Aufgaben und Funktionen des Management wahr?
- Wie erfolgt die Durchführung von Managementprozessen?
- Was für Aufgabenbereiche muss das Management bearbeiten?
- Welche Hilfsmittel stehen dem Management zur Verfügung?

Die Managementprozesse lassen sich durch einzelne Phasen darstellen, gern verwendet sind grafische Darstellungen wie der Managementkreislauf und aktuell die Wertschöpfungskette. Diese ist geprägt von einer dynamisch und zukunftsweisenden Darstellung. Diese Symbole finden sich auch in der Prozessorganisation wieder, auf die im Kapitel 3.1.3 ausführlich eingegangen wird.

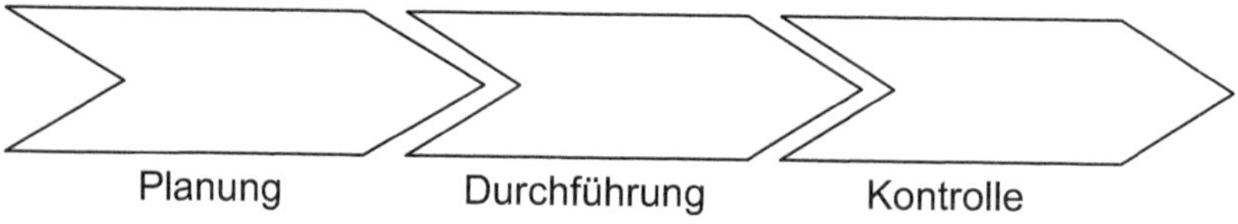

Abb. Katrin König: Wertschöpfungskette

3.1.1 Planungsinstrumente

In der Planungsphase werden Ergebnisse und Ziele formuliert, die in der Zukunft umgesetzt werden sollen. Grundsätzlich ist in dieser Phase eine genaue Erhebung und Analyse der Ist-Daten für das Unternehmen erforderlich. Weiterhin werden unterschiedliche Zeitfenster entwickelt, die geeignete Maßnahmen und Mittel zur Erreichung zukünftiger Ziele dokumentieren.

Ein Planungsprozess ist gekennzeichnet durch eine Problemformulierung, durch Lösungsvorschläge mit Alternativen sowie deren Bewertung und der daraus resultierenden Entscheidung. Umso präziser die Vorbereitung, desto effektiver die Planumsetzung.[16]

Die zeitliche Planung wird in strategische, taktische und operative Ebenen unterschieden:

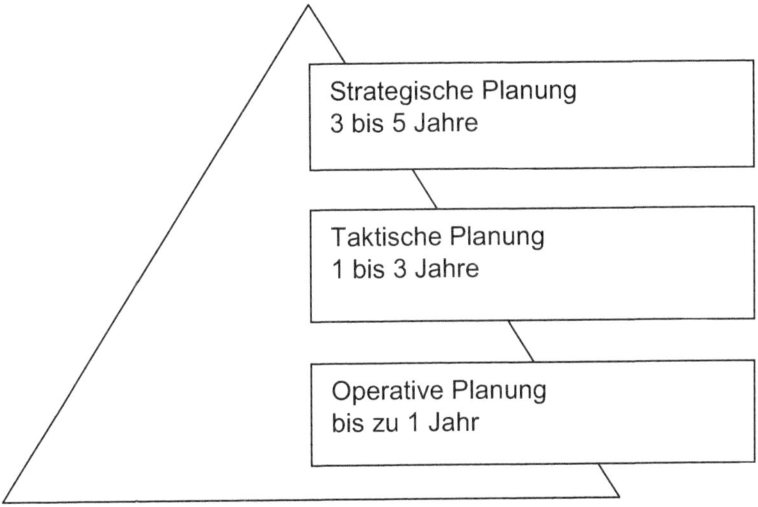

Abb. Katrin König: Managementebenen

Operative Planung

Hierbei handelt es sich um eine kurzfristige und detaillierte Planung (bis zu einem Jahr). Konkrete Ziele in den unterschiedlichen Funktionsbereichen (z.B. Personaleinsatz, Vertrieb, Logistik) werden durch Maßnahmen bearbeitet.

Planungsarten:

1. Die Top-down Planung verläuft von der Unternehmensführung zur Ausführungsebene. Hierbei werden die unteren Ebenen nur unzureichend in den Planungsprozess integriert.

[16] Vgl. Schultz, Basiswissen Betriebswirtschaft

2. Bei der Botton-up Planung „von unten nach oben“ muss die Unternehmensführung die einzelnen Teilpläne koordinieren und zu einem Gesamtplan zusammenfügen. Diese Planungsart ist durchaus problematisch, da eine Abstimmung mit den Oberzielen des Unternehmens erschwert wird.
3. Das Gegenstrom Verfahren verbindet beide Planungsarten miteinander und das partizipative Vorgehen erhöht die Akzeptanz der Planvorgaben. Allerdings erfordert diese Planung einen erhöhten Zeitaufwand.

Taktische Planung

Dieses Planungsinstrument ist mittelfristig angesiedelt (1 bis 3 Jahre) und konkretisiert die Rahmenbedingungen der strategischen Ebene. In diesen Bereich fällt ein großer Teil der Leistungsplanungen, wie Investitions-, Beschaffungs-, Absatz-, Marketing- und Personalentwicklungsplanung. Im Gegensatz zur operativen Planung gibt es hier nur wenige Teilpläne, die jedoch eine enge Zusammenarbeit mit anderen Funktionsbereichen des Unternehmens erfordern.

Strategische Planung

Auch als langfristige Planung bezeichnet (3 bis 5 Jahr), wird in dieser Ebene ein Gesamtplan erstellt, der grundlegende Ausrichtungen für die Zukunft festschreibt. Da eine global agierende Wirtschaft zudem von einer starken Dynamik geprägt ist, werden die grundlegenden Entscheidungen eher als Orientierung für die unterschiedlichen Bereiche im Unternehmen verstanden.

Die entwickelten Strategien sind daher oft unpräzise und global formuliert. Der lange Planungszeitraum hat eine Vielzahl von Einflussgrößen im internen und externen Unternehmensumfeld zu berücksichtigen und wird daher Prognosen sowie Szenarien definieren. (auf die Szenariotechnik wird im Kapitel 3.1.3 näher eingegangen) Typische Bereiche der strategischen Planung sind die Erweiterung des Geschäftsfeldes, die Errichtung von neuen Produktionsstandorten oder die Erschließung neuer Absatzmärkte und Zielgruppen.[17]

[17] Vgl. Schultz, Basiswissen Betriebswirtschaft

Eine Strategie trifft Aussagen zu den folgenden vier Bereichen:

- dem Tätigkeitsbereich,
- den Ressourcen der Unternehmung und den damit verbundenen Fähigkeiten, die strategischen Ziele zu erreichen,
- dem Wettbewerbsvorteil und
- der Synergie, die durch die strategischen Entscheidungen entsteht.[18]

Um eine systematische Planung zu ermöglichen, benötigt es nicht nur verschiedenen Planungsarten, sondern auch Formen der Planverbindlichkeit. Die Vorbereitung über das wann, wo, wer und wie ist ebenso wichtig für das Erreichen des Ergebnisses, wie dessen Durchführung. Eine permanente Anpassung an veränderte Rahmenbedingungen ist unumgänglich und wird durch eine rollierende sowie gleitende Planung ermöglicht.

Bei der rollierenden Planung erfolgt die Anpassung der Feinplanung nach Ablauf auf Teilpläne (z.B. monatliche Personaleinsatzpläne). Die Grobplanung erfolgt oft im Jahresrhythmus durch das Unternehmenscontrolling. Umso detaillierter die Planung, umso genauer werden angestrebte Ziele realisiert werden. Eine genaue Dokumentation wird zukünftige Entscheidungsprozesse im Unternehmen, inhaltlich und zeitlich, positiv unterstützen.

Grundsätze der Planung erfolgen nach:

Vollständigkeit:
Alle relevanten Informationen müssen aufgenommen werden.
Genauigkeit:
Die Richtigkeit und Zuverlässigkeit von Daten muss geprüft werden.
Kontinuität:
Die Planung ist als wiederkehrender Prozess im Unternehmen zu begreifen.
Flexibilität:
Das Anpassen der Planung erfolgt durch Überprüfung der Planungsziele mit ggf. Planungskorrektur.
Wirtschaftlichkeit:
Das Verhältnis von Aufwand und Ertrag muss gewährleistet sein.

[18] Vgl. Welge / Al-Laham, Strategisches Management

3.1.2 Unternehmensphilosophie als strategische Aufgabe

Das Unternehmen legt ethische und moralische Richtlinien fest, die die Grundlage des wirtschaftlichen Handelns definieren. Die Unternehmensphilosophie resultiert meist aus den eigenen Ansprüchen des Unternehmensgründers.

Eine klar und transparent formulierte Vision wird Bestandteil in Leitbildern, die es ermöglicht, allen Beteiligten eine Orientierung zu geben. Ein Unternehmenserfolg im Sinne eines Wettbewerbsvorteils wird nur möglich, wenn auf allen Hierarchieebenen die Unternehmensphilosophie gelebt wird.

Unternehmensleitbild

Das Unternehmensleitbild trifft Aussagen zu Sinn und Zweck sowie zu Verhaltensweisen des Unternehmens gegenüber internen und externen Anspruchsgruppen. Für die Formulierung eines Leitbildes wird eine Analyse der Ausgangslage des Unternehmens im Kontext zu Gesellschaft, Staat, Umwelt, Wettbewerber und der Wertevorstellungen notwendig. Folgende Inhalte finden sich in Leitbildern wieder:[19]

- Verpflichtung gegenüber Staat und Gesetzgebung
- Anspruch und Umgang mit der sozialen Marktwirtschaft
- Beziehung zu Mensch und Umwelt
- Aussagen zur Nachhaltigkeit der Unternehmung
- Stellenwert von Mitarbeitern
- Akzeptanz von Mitbestimmung
- Verhalten gegenüber Lieferanten und Kunden
- Achtung und Bedeutung des Wettbewerbs
- Gestaltung kommunikativer Beziehungen
- Einstellung zu Wachstum und Gewinnverwendung

Unabhängig von der Unternehmensgröße ist ein Leitbild sinnvoll. Es erleichtert gerade den Mitarbeitern eine Identifikation mit dem Unternehmen, aber auch Lieferanten und Kunden erwarten gesetzeskonforme Standards z.B. bei Produktion und Entlohnung. Bei der Erstellung eines Leitbildes sind Fragekataloge grundsätzlich geeignet.

[19] Vgl. Krause / Krause, Die Prüfung der Dienstleistungsfachwirte

Unternehmensleitbild nach Ulrich

- Welche Bedürfnisse wollen wir mit unseren Marktleistungen befriedigen?
- Welche geografische Reichweite soll unser Unternehmen haben?
- Welche Marktstellung wollen wir erreichen?
- Welche Grundsätze sollen unser Verhalten gegenüber unseren Marktpartnern bestimmen?
- Welches sind unsere Zielvorstellungen bezüglich Gewinnerzielung und Gewinnverwendung?
- Welches ist unsere grundsätzliche Haltung gegenüber dem Staat?
- Wie sind wir gegenüber wesentlichen gesellschaftlichen Anliegen eingestellt?
- Welches ist unser wirtschaftliches Handlungsprinzip?
- Wie stellen wir uns zu Anliegen der Mitarbeiter (Entlohnung, persönliche Entwicklung, Mitbestimmung, finanzielle Beteiligung usw.)?
- Welches sind unsere technologischen Leitvorstellungen?

Viele Unternehmen scheinen zu meinen, dass alleine durch die Verwendung des Wortes „Wir“ ein unternehmerisches Wir-Gefühl geschaffen werden kann. Auch Begriffe wie „partizipativ“, „ziel- und ergebnisorientiert“ sowie „soziale Verantwortung“ bleiben häufig bedeutungslose Floskeln. Nur wenn Leitbilder ehrlich und auf den Unternehmensalltag übertragbar erscheinen, werden sie auch akzeptiert. Die Mitwirkung von Mitarbeitern an einem Leitbild erscheint daher ratsam.

Da Leitbilder auch den gesellschaftlichen sowie betrieblichen Veränderungen unterliegen, ist eine permanente Reflektion und Anpassung der Inhalte notwendig.

Leitbilder als Unternehmensethik:

- sie dienen der Orientierung und der Herausforderung zugleich,
- sie erzeugen Vertrauen in die Zukunft und
- sie bündeln eine gemeinsame Zielrichtung.[20]

[20] Vgl. Staute, Das Ende der Unternehmenskultur

Unternehmenskultur

Einleitung *nach Grawert:*

Menschen sind bemüht ihr Zusammenleben in eine gewisse Ordnung zu bringen, andere Menschen zu führen und zu motivieren sowie auf die Erreichung eines Zieles zu lenken. Dieses soziale Verhalten wird schon in der Bibel beschrieben und Managementformen nutzen diese kulturellen Grundlagen des sozialen Verhaltens. Begreift man die Unternehmenskultur als Gesamtheit aus Werten, Normen und Symbolen, dann wird die Funktion der Führungsleitlinien klar.

Einleitung *nach Kadritzke*:

Unter dem Begriff der Unternehmenskultur versteht man ein anspruchsvolles Gestaltungsideal der Kooperationsbeziehungen im Betrieb. Der Begriff machte von Mitte der 80er bis in die 90er Jahre Karriere, er hat sich in der hiesigen Version der **corporate identity** etabliert.

Definition *nach Neuberger:*

Kultur ist die Gesamtheit aller sozialen Tatsachen und ihrer Codes. (Rituale, Geschichten, Statussymbole, Normen, Regeln, Richtlinien, formelle und informelle Strukturen usw.

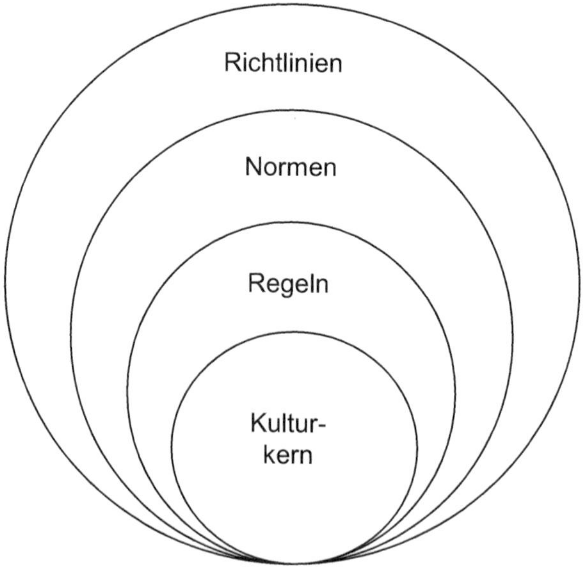

Abb. Katrin König: Unternehmensbaum

Unternehmen wachsen durch Sagen, Rituale, Verhalten, Gebräuche, Handlungen, Gewohnheiten, Geschichten, Legenden, Feiern oder Status. Interne Anspruchsgruppen prägen die Organisationskultur, nicht nur durch ihre nationale Kultur, sondern auch durch nationale Managementkulturen.
In Unternehmen spielen insbesondere nationale Kulturen und Unternehmenskulturen eine große Rolle. Eine der bekanntesten kulturvergleichenden Untersuchungen ist die von Geert Hofstede. In der Studie bei IBM, aus den 70er Jahren, wurden 140 000 Mitarbeiter in 35 Ländern befragt. 60 Fragen, aus dem mit 100 Fragen ausgestatteten Katalog, befassten sich mit der Werteorientierung.[21]

Basierend auf Ergebnissen der Umfrage ermittelte er vier Dimensionen:

- Individualismus versus Kollektivismus
- Maskulinität versus Feminität
- Unsicherheitsvermeidung
- Machtabstandstoleranz

anhand derer nationale Kulturunterschiede aufgezeigt werden können.

Wettbewerbsvorteil Unternehmenskultur

Viele Unternehmen mussten sich Anfang der 90er Jahre mit der Frage der Anpassungs- und Wandlungsfähigkeit der „Organisation Unternehmung“ befassen. Ein Großteil der Unternehmen in Deutschland befanden sich in der Phase des Strukturwandels. Neue Anforderungen

- von seitens des Marktes,
- ein gewandeltes Selbstverständnis der Mitarbeiter und
- der globale Wettbewerb.

stellten die traditionellen Formen der Unternehmensführung in Frage. Maßnahmen zur Kostensenkung, Qualitätsverbesserung, Kundenbindung und zur Produktoptimierung wurden notwendig. Ohne eine bessere Identifikation mit dem Unternehmen sowie mehr Eigenverantwortung der Führungskräfte wäre eine Überlebensfähigkeit der Unternehmen gefährdet.

[21] Vgl. Hofstede / Hofstede, Lokales Denken, globales Handeln

Bausteine zukunftsorientierter Unternehmenskulturen

In erster Linie prägen Wertevorstellungen und Verhaltensweisen der Menschen den Betrieb. Hierarchieebenen mit ihren Stellenbeschreibungen, Kompetenzdefinitionen und qualitätsorientiertes Handeln schränken Engagement und Motivation der Mitarbeiter vielfach ein. Nur wenn die betriebliche Organisation ohne permanente Anweisungen und Kontrollen auskommt wird die Entwicklung zukunftsfähiger Unternehmenskulturen möglich sein.

Eine erfolgreiche Unternehmenskultur zeichnet sich aus durch:

- Ziele diskutieren,
- Probleme benennen,
- Konflikte lösen,
- Erarbeitung eines unternehmenspolitischen Leitbildes,
- umfassende Information und Kommunikation,
- Weiterbildung und ständige Qualifizierung,
- kooperative Führung und partnerschaftliche Zusammenarbeit,
- neue, beteiligungsoffene Produktions- und Arbeitsformen,
- Gewinn- und Kapitalbeteiligung,
- Problembewusstsein und Veränderungsbereitschaft bei allen Beteiligten.[22]

Grundsätzlich fordern Anpassungs- und Wandlungsfähigkeit von Unternehmen eine permanente Reflektion und eine interkulturelle Zusammenarbeit in globalen Märkten. Unternehmen, die in ihrer Organisation ein Kulturbewusstsein entwickeln, werden daraus einen Wettbewerbsvorteil ziehen können.

Corporate Identity

Werte, Verhaltensweisen und Leitsätze bilden, neben der Kommunikation und dem Erscheinungsbild eines Unternehmens, die Grundlage für eine klare Unternehmensidentität (Corporate Identity). Die Absicht gewinnorientiert zu wirtschaften schließt ein sozialverantwortliches Handeln nicht aus. Immer mehr Unternehmen erkennen, dass die öffentliche Wahrnehmung, die Voraussetzung für ökonomischen Erfolg darstellt.

[22] Vgl. Bertelsmann Stiftung / Böckler Stiftung, Beispiele aus der Unternehmenspraxis

Interne Zielgruppen:
Mitarbeiter, Eigentümer, Gesellschafter, Pensionäre

Externe Zielgruppen:

- Beschaffungsmarkt: Lieferanten, Banken, Potentielle Mitarbeiter, Dienstleistungsanbieter
- Absatzmarkt: Handel, Konsumenten, Konkurrenz, Absatzmittler, Berater
- Kapitalmarkt: Banken, Aktionäre, Sonstige Investoren, Vermögensverwalter
- Sonstiges Umfeld: Angehörige der Mitarbeiter, Politische Gruppen, Staat, Vereine, Verbände, Medienvertreter, Schulen, Gewerkschaften, Interessierte Öffentlichkeit

Corporate Identity Politik

Corporate Design *(Erscheinungs-bild)*	*Corporate Communications* *(Kommunikation)*	*Corporate Behavior* *(Verhalten)*
Design / Logo	Anzeigen	Personalführung
Büroausstattung	Plakate	Entlohnung
Kleiderordnung	Internet	Personalentwicklung
Farbgestaltung	Mitarbeiterzeitungen	Beurteilungssysteme
Firmenpapier	Gebrauchsanweisungen	Unternehmenskultur
Schriftgestaltung	Slogan	Konferenzstil
Produktgestaltung	Messen	Kritikfähigkeit

Sowohl die internen als auch die externen Anspruchsgruppen gilt es, mit einem positiven und unverwechselbaren Image zu gewinnen.[23]

[23] Vgl. Krause / Krause, Die Prüfung der Dienstleistungsfachwirte

Corporate Governance

Unter dem Begriff versteht man Gesetze und Regelungen die den Bereich Management transparenter werden lassen und gleichzeitig eine Kontrolle der Unternehmensführung ermöglichen. Zahlreiche Unternehmenskrisen in den 90-iger Jahren haben schließlich 1998 zu Inkrafttreten des Gesetzes zur Kontrolle und Transparenz im Unternehmensbereich (KonTraG) geführt.

Es handelt sich hierbei um ein Änderungsgesetz, das zu Änderungen im Aktiengesetz, Handelsgesetzbuch und im Publizitätsgesetz beitrug.

Die geschaffenen Leitlinien der Corporate Governance dienen als Richtschnur für eine verantwortungsvolle Führung im gesamten Unternehmen. Es stellt eine Überwachungsfunktion von Aufsichtsrat und Hauptversammlung dar und stellt somit fachliche Anforderungen an das Gremium und die Geschäftsführung.[24]

In Deutschland hat eine Regierungskommission im Frühjahr 2002 den „Deutschen Corporate Governance Kontex" erlassen, der für börsennotierte Unternehmen maßgeblich ist. Auch anderen Unternehmen werden diese Leitlinien empfohlen, da der Kodex neben geltendem Recht auch Regelungen der Zusammenarbeit definiert.

Einige Bestandteile des Kodex wurden zwischenzeitlich in Gesetzen festgeschrieben. Ende des Jahres 2004 wurden das Gesetz zur Verbesserung des Anlegerschutzes, das Bilanzkontrollgesetz sowie das Abschlussprüfergesetz verabschiedet.

Die Öffentlichkeit hat nicht nur an kapitalmarktorientierten Unternehmen Interesse, daher hat die EU- Kommission schon im Jahr 2003 einen Aktionsplan zur europaweiten Verbesserung des Corporate Governance vorgelegt.[25]

[24] Vgl. Vahs / Schäfer-Kunz, Einführung in die Betriebswirtschaftslehre
[25] Vgl. Schultz, Basiswissen Betriebswirtschaft

3.1.3 Managementinstrumente

Dem Begriff "Management" gerecht zu werden ist schwer, wo er doch permanent in Wissenschaft, Unternehmen sogar in privaten Haushalten gebraucht wird. Managen gleich bewältigen, fertigbringen, deichseln, hinkriegen oder bewerkstelligen sowie aufbauen, betreuen, fördern und herausbringen.

Diese Synonyme stehen für viele Tätigkeiten im Unternehmen und sind somit nicht nur Aufgaben von Führungskräften. Heutzutage wird dieser Begriff auch in vielen Berufsbezeichnungen verwendet, im dualen Ausbildungssystem der IHK z.B. Kauffrau / Kaufman für Büromanagement.

Funktionales Management

- Mit diesem Begriff werden wiederkehrende Aufgaben in den Unternehmensbereichen beschrieben, die einer Systematik unterliegen. (z.B. der Managementkreislauf: Planung, Durchführung, Kontrolle)
- Funktionales Management setzt Transparenz und Kommunikation auf allen unterschiedlichen Hierarchieebenen voraus.
- In den Managementebenen werden Entscheidungen getroffen, die unter Berücksichtigung finanzieller, sachlicher und personeller Ressourcen durchgesetzt werden.

Institutionales Management

- Institutionales Management steht für Personengruppen die auf oberster, mittlerer und unterer Managementebene durch fachliche und personelle Weisung führen. (Unternehmer, Geschäftsführer, Vorstände sowie leitende Angestellte).
- Dispositive Entscheidungsträger geben Anordnungen an Manager, die mit dem operativen Aufgaben betraut (z.B. Personaleinsatzplanung) sind.
- Die Unterscheidung erfolgt innerhalb der Managementebenen.[26]

[26] Vgl. Simon, Managementtechniken

Strategisches und operatives Management

Der Schwerpunkt von Managementstrategien liegt in den internen Ressourcen und den externen Chancen. Strategie bedeutet:

- Langfristigkeit,
- Orientierung an Unternehmenszielen,
- Beobachtung des Unternehmensumfeldes
- Anpassungsfähigkeit an Trends und Märkte
- Planung der strategischen Ziele
- Strategie als Aufgabe des Topmanagement begreifen

Der Begriff „Strategie" abgeleitet aus dem Griechischen, stratós (Heer) und ágein (führen), in der Übertragung „Kunst der Heeresführung".

Die Betriebswirtschaftslehre kennt mehr als 100 Instrumente, Techniken bzw. Methoden, die als Hilfsmittel den unterschiedlichen Managementebenen zur Verfügung stehen. Doch in der Praxis werden Produkte und Sortimente sowie Mitarbeiter und Kunden einen wesentlichen Einfluss auf die Auswahl der Managementtechniken haben.

In der Anwendung lassen sich u.a. prognostische, analytische, qualitative und quantitative Verfahren unterscheiden. Grundsätzlich werden messbar (quantitative) Methoden in der Ökonomie geschätzt, sie basieren meist auf wirtschaftlichen Kennzahlen und ermöglichen eine genaue Berechnungsgrundlage.

Viele Verfahren sind jedoch qualitativer Art, gerade im Bereich von Problemlösungs- und Kreativtechniken sowie im Hinblick auf zukünftige Entwicklungen.

Einige renommierte und aktuelle Techniken sollen nun näher erklärt werden:

- Szenariotechnik
- Wettbewerbsstrategien
- Wissensmanagement
- Change-Management
- Qualitätsmanagement
- Kundenmanagement

3.1.3.1 Szenariotechnik

Diese Technik wurde bereits in den 50-iger Jahren in den USA von Herman Kahn als Planspiel für den militärischen Bereich entwickelt. In den 70-iger Jahren begann auch die Einführung von Planspielen in der Wirtschaft.

Szenarien bilden mindestens zwei zukunftsweisende Bilder des Unternehmens ab, die Ziele definieren und Entwicklungen innerhalb und außerhalb des Unternehmens berücksichtigen.

Auch die Deutsche Rentenversicherung beschreibt in ihren Bescheiden unterschiedliche Szenarien für Versicherte, unter der Voraussetzung, dass weiterhin wie bisher Rentenbeiträge bis zum Jahr X geleistet werden. In den Szenarien werden unterschiedliche Zinsentwicklungen zu Grunde gelegt.

Szenarien weisen Wege in die Zukunft, stellen jedoch nur Prognosen dar, auch wenn sie in der Praxis mit statistischen Erhebungen der Unternehmung kombiniert werden. In den Unternehmen werden nur positive Szenarien entwickelt, z. B. Umsatzsteigerung für das kommende Geschäftsjahr von 5 Prozent bei sehr positiver Lage oder 3 Prozent Umsatzsteigerung bei weniger positiver Geschäftslage am Markt.

Voraussetzung für das Gelingen dieser Technik ist, einen genauen Ablaufplan zu formulieren:

1. Phase: Analyse des Untersuchungsgegenstandes mit Angabe von Zeitfenstern.
2. Phase: Unternehmensumfeldanalyse, die interne und externe Anspruchsgruppen prüft (1 Kapitel).
3. Phase: Kriterienauswahl in quantitativer und qualitativer Hinsicht, die einem bestimmten Zeitfenster zugeordnet werden, wie Bruttoinlandsprodukt, Inflationsrate, Mindestlohn.
4. Phase: Szenarien benennen und gegenüberstellen, eine Auswahl an möglichst unterschiedlichen Szenarien treffen und diese betiteln.
5. Phase: Maßnahmenanalyse die aus den Szenarien Chancen und Risiken für das Unternehmen ableitet.
6. Umsetzungsanalyse fordert Transparenz und Kommunikation im Unternehmen.

Diese Technik bietet eine Möglichkeit, Entwicklungen im Vorfeld anschaulich zu präsentieren. Es erfordert jedoch auch Zeit und Geld die Rahmenbedingungen permanent zu hinterfragen und anzupassen.[27]

3.1.3.2 Wettbewerbsstrategie

BCG-Matrix (Methode der Boston Consulting Group)

Das Analyseverfahren beurteilt in seiner Matrix den Marktanteil und das Marktwachstum eines Produktes oder der Unternehmung.
Die 4-Felder Matrix berechnet grundsätzlich die Werte in Prozent, um Veränderungen zum größten bzw. zu mehreren Wettbewerbern zu erfassen. Dieses qualitative Instrument erfasst aktuelle Marktdaten, die für die Planung weiterer Marktstrategien notwendig sind. Diese Analyse wird meist in kurzen Abständen (jedes Quartal) durchgeführt, um Veränderungen zu erkennen und auf sie zu reagieren.

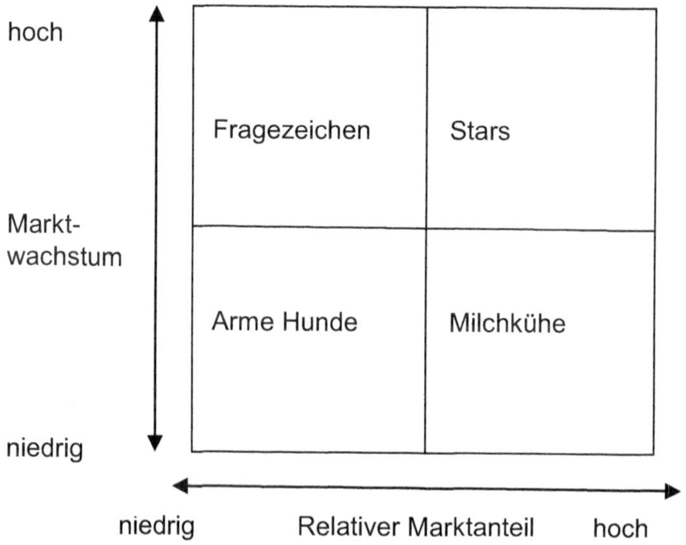

[27] Vgl. Simon, Managementtechniken

In der Literatur werden die Achsen und die Skalierung zum Teil unterschiedlich angeordnet, daraus resultiert eine veränderte Position der Typenbezeichnungen (Stars, Fragezeichen, Milchkühe und Arme Hunde) in den Feldern.

Die Stars unserer Produktpalette werden weiter ausgebaut und auch die Milchkühe werden erhalten, evtl. geringfügig überarbeitet und sprich weiter "gemolken".

Die Armen Hunde werden noch kurzfristig genutzt und dann vom Markt genommen (eliminiert). Bei den Fragezeichen ist eine genaue Betrachtung notwendig, sollten sie zukünftig Erfolg versprechen, wird in sie investiert und sie entwickeln sich ggf. zu Stars. Sollte kein Erfolg zu prognostizieren sein werden sie verkauft oder aufgegeben.[28]

3.1.3.3 Wissensmanagement

Unternehmen erkennen zunehmend die Bedeutung der Ressource Wissen, die vor allem durch individuelles Wissen der Mitarbeiter gekennzeichnet ist. Das Zusammenbringen von Fähigkeiten, Fertigkeiten und Erfahrungen ermöglicht einen beschleunigten Wissenstransfer in den unterschiedlichen Funktionsbereichen der Organisation.

Kompetenzen zu bündeln und sie transparent allen Mitarbeitern im Unternehmen zur Verfügung zu stellen, stärkt zudem die Identifikation mit dem Unternehmen und wirkt sich positiv auf die Unternehmenskultur aus.

Um betriebliche Unternehmensziele zu erreichen, werden Daten und Fähigkeiten gewonnen, verdichtet, gespeichert, weitergeleitet und genutzt. Das Wissen innerhalb eines Unternehmens wird somit als Produktionsfaktor verstanden.

Wissensmanagement sollte daher als systematischer Prozess in der Unternehmensstruktur verankert werden. Des Weiteren sollten Wissensziele definiert und durch eine Systematik von Phasen bearbeitet werden.

[28] Vgl. Krause / Krause, Die Prüfung der Dienstleistungsfachwirte

1. Phase: Wissen erwerben
2. Phase: Wissen bewahren
3. Phase: Wissen verteilen
4. Phase: Wissen nutzen
5. Phase: Wissen bewerten

Datenbanken, Wissenslandkarten und weitere Informationssysteme, (ähnlich wie wikipedia) geben Mitarbeitern einen schnellen Überblick. Relevantes Wissen, was in Unternehmen nicht vorhanden ist, muss über externe Quellen beschafft werden. Aus Informationen wird Wissen gewonnen, das Mitarbeiter individuell interpretieren und mit Erfahrungen und Kenntnissen verknüpfen.

Die Klassifizierung von Wissen erfolgt einerseits in Explizites Wissen (dokumentiertes Wissen) und andererseits in Implizites Wissen (Erfahrungen von Mitarbeitern). Die Weitergabe von implizitem Wissen erfordert demnach andere Methoden und Ansätze. Expertenwissen gilt zudem als komplex mit eher geringer Gültigkeitsdauer.[29]

3.1.3.4 Change Management

Globalisierung, Internet und Multimedia beschreiben den Wandel in der Wirtschaftsgeschichte. Outsourcing, Befristungen, Leiharbeit, Werkverträge, Unternehmensspaltungen -und fusionen führten zu Vertrauensverlust zwischen Arbeitnehmern und Arbeitgebern.

Aus dieser Situation heraus entstand Change Management, eine Technik, die Veränderungen gestalten und aktiv nutzen soll. Die Personen die diesen Prozess leiten, der sich meist über einen Zeitraum von 12 bis zu 16 Monaten erstreckt, werden für das Gelingen verantwortlich sein.

Change Management ist somit ein geplanter organisatorischer Wandel, der zielgerichtet die Weiterentwicklung und Maßnahmen der Veränderung im Unternehmen umsetzt. Neben den strategischen und organisatorischen Aspekten werden auch technische und menschlich-soziale Dimensionen berücksichtigt.

[29] Vgl. Simon, Managementtechniken

Folgende Veränderungen sind in Unternehmen denkbar:

- Einführung von Lean Management
- Reorganisation des Unternehmens
- Entwicklung einer Unternehmenskultur
- Fusionen

Mitarbeiter werden oft mit Widerstand auf Veränderungen reagieren, aus Angst vor dem "Neuen" oder dem Verlust der Routine, die Menschen Sicherheit gibt. Um die Akzeptanz der Mitarbeiter zu erreichen, muss der Prozess klar kommuniziert werden. Zum ersten, um Änderungsfähigkeit zu fördern und zum zweiten, um Änderungsbereitschaft zu erhöhen.

Veränderungsprozesse benötigen nicht nur viel Zeit, sondern benötigen auch viel Gefühl und „Emotionsmanagement". Veränderungsmanager verfügen über Empathie, Kommunikations- und Konfliktbewältigungsfähigkeiten. Berater müssen Mitarbeiter sachlich informieren und schulen sowie unterstützen.

Änderungsfähigkeit kann durch fachliche oder methodische Mitarbeiterentwicklung positiv beeinflusst werden. Mitarbeiter sollten über die Veränderungen frühzeitig informiert oder wenn möglich, in den Prozess mit einbezogen werden.

Änderungsbereitschaft wird entstehen, wenn Mitarbeiter Sinn und Zweck einer Veränderung erkennen und auch für sie selbst Vorteile und keine Nachteile entstehen. Der Prozess einer Veränderung erstreckt sich über mehrere Phasen, wie im folgenden 7-Phasen-Model.

1. Schock: Missverhältnis zwischen Erwartung und Realität.
2. Ablehnung: Keine Veränderungen spürbar.
3. Einsicht: Die Notwendigkeit zur Veränderung wird klar.
4. Akzeptanz: Die neue Realität wird akzeptiert.
5. Ausprobieren: Neue Verhaltensweisen werden ausprobiert.
6. Erkenntnis: Erfolge und Misserfolge werden reflektiert.
7. Integration: Verhaltensweisen werden routiniert.[30]

[30] Vgl. Simon, Managementtechniken

Mitarbeiter müssen über Ziele und Nutzen von Change Management aufgeklärt werden und es muss die kollegiale Durchführung des Veränderungsprozesses sichergestellt werden. Der Betriebsrat ist vor Aufnahme des Change Management Prozesses zu informieren und nach dem Betriebsverfassungsrecht zu beteiligen.

3.1.3.5 Qualitätsmanagement

Ein zentraler Ansatz seit den 90-iger Jahren ist die Steigerung der Kundenorientierung und Kundenzufriedenheit. Zunehmende Beachtung finden Qualitätskonzepte wie das EFQM-Modell (European Foundation for Qualitiy Management).

Der Qualitätsbegriff lässt sich unterscheiden in:

1. Produktbezogener Qualitätsbegriff (Summe besonderer Eigenschaften, das Niveau von Produkten und Dienstleistungen)
2. Kundenbezogener Qualitätsbegriff (Die Wahrnehmung von Produkteigenschaften bzw. Leistungen aus Sicht des Kunden)

Es handelt sich um eine strategische Managementmethode, die die Qualität in den Mittelpunkt stellt. Total Quality Management ist somit nicht nur Bestandteil der Unternehmensführung, sondern dominiert als grundlegende Denkhaltung sämtlicher Managementaktivitäten.

Total: Sämtliche Personengruppen, die an der Leistungserstellung beteiligt sind (internes Unternehmensumfeld) werden in den Qualitätsprozess einbezogen.
Quality: Es erfolgt eine konsequente Orientierung aller Aktivitäten des Unternehmens an den Qualitätsanforderungen.
Management: Die oberste Führungsebene übernimmt die Verantwortung und Initiative für eine systematische Verbesserung der Qualität von Führung und Zusammenarbeit im Unternehmen.

Instrumente des Qualitätsmanagement

- Strategische Qualitätsplanung (SWOT-Analyse, Portfolios)
- Operative Qualitätsplanung (Messung der Qualität durch Kunden)
- Qualitätslenkung (Kunden- und Organisationsbezogen)
- Qualitätsprüfung (interne und externe Prüfung)
- Qualitätsmanagementdarlegungen (Audits, Zertifizierungen)

Qualitätsmanagement als Kontrollinstrument

- Es stellt ein ganzheitliches Prüfsystem dar.
- Die Kontrolle erstreckt sich auf die Qualität des Ergebnisses.
- Vermeidung von Aufgabenüberschneidungen.
- Selbstprüfung durch geschulte Mitarbeiter.
- Einführung von Maßnahmen zur Fehlerverhütung.

Audits sind bekannt als Methode der Qualitätserhebung und bewerten ein Unternehmen systematisch. Die festgelegten Auditkriterien werden analysiert und bewertet und eine Auswertung definiert den erfolgreichen Abschluss. Audits orientieren sich meist an DIN-Normen ISO 9000 bis 9004. Die Auditierung überprüft das Einhalten von bestehenden Richtlinien. Sie haben eine Gültigkeit von drei Jahren. Wiederkehrende Überwachungsaudits sollen den Qualitätsstandard erhalten bzw. verbessern.[31]

3.1.3.6 Kundenmanagement

Durch einen verstärkten Wettbewerb und Verdrängungsmarkt in vielen Branchen müssen sich Unternehmen permanent an den Kunden und ihren Wünschen orientieren. Zielsetzungen sind eine maximale Kundenzufriedenheit sowie eine kundenorientierte Kommunikation im Unternehmen.

Natürlich wird das Thema der Kundenorientierung als zentrales Prinzip des Marketing bezeichnet, auf das im Kapitel 5.4 Absatzwirtschaft noch ausführlich eingegangen wird.

Bei der Managementtechnik handelt es sich um die Beziehung zwischen Unternehmen und Kunden in der Abhängigkeit der Kundenzufriedenheit.[32]

Da 80 Prozent aller Kaufentscheidungen aus emotionalen Gründen getroffen werden und nur 20 Prozent aus rationalen Bedürfnissen abgeleitet sind, ist die Sicht des Kunden maßgebend für das Handeln des Unternehmens.

---

[31] Vgl. Bruhn, Kundenorientierung
[32] Vgl. Bruhn, Kundenorientierung

Rationale Kaufmotive:
Preis, Qualität, Sicherheit, Sparsamkeit, Umweltbewusstsein, Notwendigkeit, Zweckmäßigkeit

Emotionale Kaufmotive:
Ansehen, Geltung, Bequemlichkeit, Vertrauen, Wohlbefinden, Selbstentfaltung, Fürsorge, Schönheit, Gesundheit, Zusammengehörigkeit, Geselligkeit, Erlebnis- und Beschäftigungswille, Neugier, Nachahmung

Durch digitale Medien sind Kunden heute besser informiert, sie nutzen Onlineplattformen, vergleichen Preise und Produktleistungen und benötigen immer weniger Beratung. Daher ist für viele Unternehmen auch das Image entscheidend, um eine erfolgreiche Zukunft zu sichern. Die Kunden richten ihre Erwartungen und Ansprüche auf das Produkt, die Mitarbeiter und das Unternehmen aus.

Management der Kundenstruktur

1. Die Bedürfnisse des Kunden erkennen und diese bestimmten Kriterien zuordnen.
2. Daten dokumentieren im Hinblick auf Wünsche und Erwartungen, demografische Merkmale (Alter, Familienstand), Einkommen, Wohnort, Kauf- und Nutzverhalten und Transparenz schaffen.
3. Daten und Informationen sammeln durch Scannerkassen, Warenwirtschaftssysteme, Preisklassen, Mengen, Bezahlart.
4. Auswertung und Analyse der Daten.
5. Bildung von Kundensegmenten und Kundengruppen.
6. Kundenportfolio (Homburg/Werner 1998) erstellen (Dimension „relative Lieferantenposition“ und „Kundenattraktivität“).[33]

ABC-Analyse

Hierbei handelt es sich um ein quantitatives Analyseinstrument zur Bewertung und Klassifikation von Produkten oder Kunden. Es wird ermittelt, welche Wertanteile die einzelne Klassifikation erwirtschaftet. A-Position mit hohem Wertanteil, C- Position mit geringem Wertanteil und die B-Position liegt zwischen den beiden vorgenannten Positionsgruppen.

[33] Vgl. Simon, Managementtechniken

Die Grundlage des Kundenmanagements sind die getätigten Umsätze aller Kunden in einer Periode. Aufgrund dieser Umsatzzahlen werden Kunden mit dem höchsten Umsatzanteil in A-Kunden, die restlichen in B- und C-Kunden eingeteilt.

Für die unterschiedlichen Kundengruppen werden zielgerichtet Konzepte erarbeitet, die auf der emotionalen Ebene Kundenzufriedenheit steigert. Viele Einflussgrößen wie Qualität, Preis, Verfügbarkeit und Kommunikation werden eine Kundenbindung aufbauen, um ein langfristiges Interesse am Unternehmen zu wecken. Im Kapitel 5.4.3 wird auf alle Marketinginstrumente eingegangen.

Beschwerdemanagement

Kundenbeziehungen gestalten sich nicht immer positiv. Sollten Kunden Beanstandungen am Produkt, an Mitarbeitern oder am Image des Unternehmens äußern, muss das Problem des Kunden geprüft und gelöst werden. Natürlich gibt es gesetzliche Regelungen, die aus Garantieansprüchen resultieren, doch zunehmend werden Unternehmen Kulanz üben.

Unternehmen müssen auf das subjektive Empfinden von Kunden mit individuellen Problemlösungen reagieren. Wie wird meist von Unternehmensseite argumentiert: "Jede Beschwerde ist ein Geschenk". Beschwerden ermöglichen eine Veränderung und damit einen Schritt zu mehr Wettbewerbsfähigkeit. Die Bearbeitung einer Beschwerde sollte nach folgendem Ablaufplan gestaltet werden.

1. Probleme erkennen und entgegennehmen.
2. Beschwerden beheben und dokumentieren.
3. Unterschiedliche Wege zur Problemlösung anbieten.
4. Mitarbeitern Freiräume geben
5. Beschwerden systematisch auswerten.
6. Maßnahmen zur Abhilfe schaffen.

Für das Gelingen des Prozesses ist es wichtig, dass Mitarbeiter die Bedeutung der Kundenorientierung erkennen und die Vorgaben der Unternehmensleitung umsetzen. Eine Voraussetzung ist, dass sie selbst nicht unzufrieden sind. Führungskräfte müssen Leitfäden für Kundengespräche vermitteln und den Mitarbeitern Entscheidungsbefugnisse bei der Bearbeitung von Kundenbeschwerden einräumen.

Nutzen des Beschwerdemanagements

Die Kosten für die Einrichtung des Beschwerdemanagements sind berechenbar, doch der Nutzen wird erst mittelfristig zu prüfen sein. Die gewonnenen Informationen werden Fehler analysieren oder zur Qualitätsverbesserung beitragen und dadurch positiv auf den Umsatz wirken.

Eine offene Kommunikationskultur stärkt die Kundenbindung und das Image und schafft Vertrauen in die zukünftigen Geschäftsbeziehungen. Langfristig gibt es die Möglichkeit über Marktanteile positive Veränderungen aufzuweisen.[34]

3.1.4 Organisationsstrukturen

Eine Organisation gibt dem Unternehmen eine Struktur und gestaltet langfristig, wie Arbeitsplätze und ihre Tätigkeiten organisiert werden. Weiterhin wird die Organisation als Wesen des Unternehmens bezeichnet, da sich in ihr auch die Mitarbeiter wiederfinden. Durch die Gestaltung von Organisationsstrukturen sind Kommunikationswege und klare Weisungsbefugnisse für die Mitarbeiter erkennbar.

Da Unternehmen nicht nur über die Fläche sondern auch über die Belegschaftszahlen permanent wachsen, scheinen Regeln, Vorgaben und Zielsetzungen unausweichlich. In der Organisation sollen diese Regeln und Strukturen einen klaren Aufbau und Ablauf der Prozesse beschreiben.

Es handelt sich hierbei um eine strategische Aufgabe der Unternehmensführung, die durch organisierte Maßnahmen und unter Aufnahme aller Prozesse eine Über- oder Unterorganisation vermeiden soll.

3.1.4.1 Aufbauorganisation

Eine Organisationsstruktur gibt nicht nur Auskunft über die Ziele des Unternehmens (Oganisations-, Kunden- und Mitarbeiterziele) sondern auch über die Art der Kommunikation und Führung von Mitarbeitern. Je nach Branche und Unternehmensgröße sind unterschiedliche Arten von Aufgaben zu unterscheiden.

[34]Vgl. Bruhn, Kundenorientierung

Gestaltungsbezogene Aufgaben

- Gestaltung des Organisationsaufbaus
- Bildung von Stellen, Gruppen und Bereichen
- Zuordnung der Arbeitsprozesse
- Gestaltung der Kommunikationswege
- Benennung von Aufgabenträgern

Verhaltensbezogene Aufgaben

- Transparenz und Identifikation mit den Unternehmenszielen.
- Einhaltung der Unternehmensvorgaben.
- Aufzeigen von Entwicklungspotenzialen.
- Vorgabe von realistischen Organisationszielen.

Prozessbezogene Aufgaben

- Strukturplanung mit dem Planungshorizont festschreiben.
- Realisierung und Umsetzung der geplanten Organisationsstrukturen.
- Kontrolle und Analyse der angestrebten Planungswerte.[35]

Im Organigramm werden horizontale und vertikale Linien dafür sorgen, dass Hierarchien klar erkennbar und übersichtlich erscheinen. Der Arbeitsplatz stellt die kleinste organisatorische Einheit im Unternehmen dar.

Aufbaustrukturen
Die Strukturierung erfolgt horizontal und vertikal, folgende Zuordnungen sind dokumentiert:

- Zuordnung von Aufgaben am Arbeitsplatz.
- Zuordnungen von Kompetenzen und Verantwortungen.
- Zuordnung von Mitarbeitern und Sachmitteln.

Die Aufbauanalyse berücksichtigt:

- Aufbauorganisatorische Aufgaben.
- Aufgabenkomplexität.
- Grad der Arbeitsteilung.
- Nutzung von Sachmitteln.
- Häufigkeit der anfallenden Aufgaben.

[35] Vgl. Olfert, Organisation

Aufbaufestlegungen sind:

- Organisationseinheiten (Linien- und Stabstellen)
- Tätigkeiten (Zeit- oder Aufgabenbezogen)
- Aufgabenträger (Einzelpersonen, Personengruppen)
- Aufgaben, Kompetenzen und Verantwortungen von Budgets

Beispiel: Linienorganisation

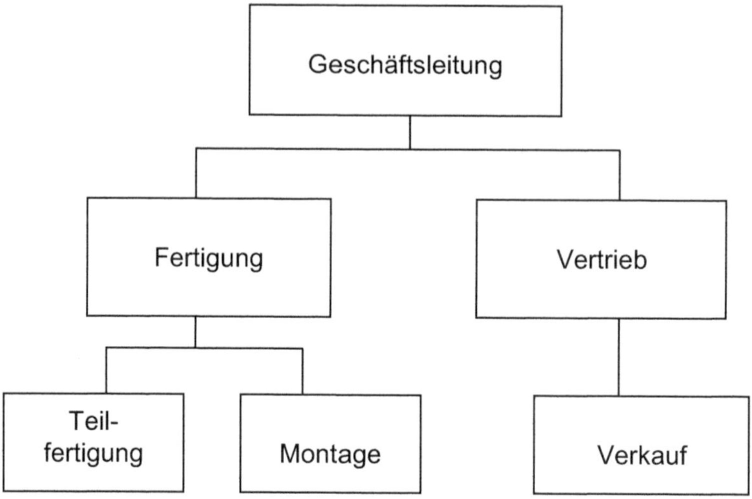

Abb.: Katrin König

Vorteile

- ✓ Klare, übersichtliche Struktur.
- ✓ Einfacher Aufbau.
- ✓ Transparente Struktur.
- ✓ Eindeutige Kommunikationswege.
- ✓ Einfache Steuerbarkeit.
- ✓ Einhaltung der Dienstwege durch Vorgabe.

Nachteile

- ✓ Überlastung von Führungskräften.
- ✓ Lange Kommunikationswege.
- ✓ Wenig Dynamik des Systems.
- ✓ Entscheidungen werden durch viele Instanzen verlangsamt.
- ✓ Abhängigkeit der Mitarbeiter vom direkten Vorgesetzten.

Beispiel: Spartenorganisation (auch Divisionalorgansiation)

Sie wird meist ab der zweiten Ebene nach Objekten gegliedert, die sich als Produkt-, Region- oder Kundenorganisation darstellen. Jede Sparte stellt sich unabhängig dar, ist also autonom und kann so schneller und besser auf Marktveränderungen reagieren.

Doch in jeder Sparte z. B. von Produkt A, Produkt B und Produkt C werden auch dezentrale Abteilungen zu höheren Kosten führen. Es gibt auch die Möglichkeit einige Zentralabteilungen einzurichten, wie die Personalabteilung oder die Rechtsabteilung, die übergreifend für alle Sparten tätig ist.

Die Holding-Organisation ist aus der Spartenorganisation abgeleitet, eine Dachgesellschaft mit Beteiligungen an rechtlich selbständigen Unternehmen ermöglicht eine hohe Liquidität. Die Aufgaben der Dachgesellschaft reichen von der Leitung der Holding-Organisation bis zur strategischer Planung und Kontrolle. Sie wird auch als Dach-Holding oder Konzern-Holding bezeichnet.[36]

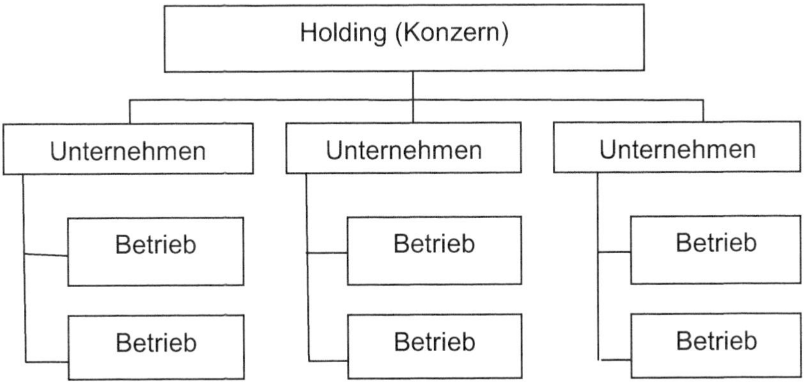

Abb.: Katrin König

[36] Vgl. Schreyögg, Grundlagen der Organisation

Vorteile

- ✓ Minimierung des Risikos am Markt.
- ✓ Schnelle Anpassung an Marktveränderungen.
- ✓ Konzern verfügt über hohe Liquidität.
- ✓ Klare Zuordnung des Erfolgs auf einzelne Unternehmen.

Nachteile

- ✓ Distanz zwischen Betrieben und Holding.
- ✓ Konkurrenz zwischen den Unternehmen.
- ✓ Hohe Kosten für jede Unternehmung.
- ✓ Kompetenzen werden nicht übergreifend genutzt.

Beispiel: Matrixorganisation

Bei dieser Organisationsstruktur werden zwei Organisationsdimensionen zusammengeführt, sie bilden Schnittstellen. Die Schnittstellen aus Funktionen (Beschaffung, Entwicklung, Vertrieb) und Objekten (Produkte, Regionen, Kunden) nutzen gemeinsame Ressourcen und bündeln Kompetenzen. Diese Struktur verlangt allerdings ein hohes Abstimmungspotenzial und die Bereitschaft zur Kooperation. Folgende Vor- und Nachteile leiten sich aus diesem Zusammenspiel der Dimensionen ab.[37]

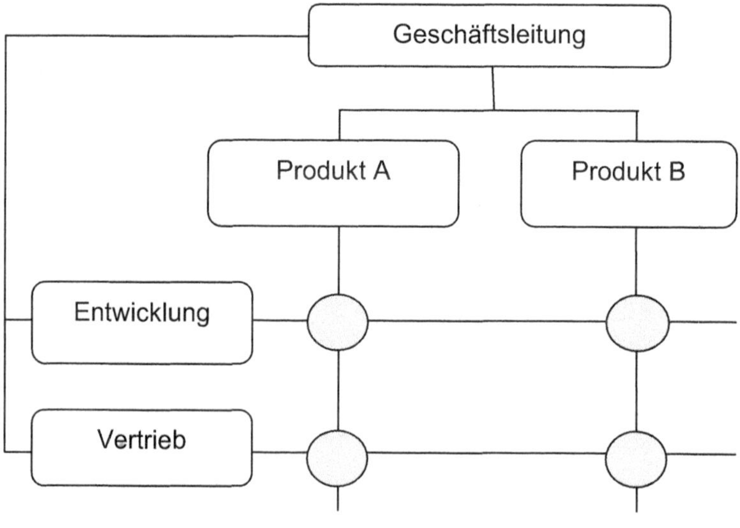

Abb.: Katrin König

[37] Vgl. Olfert, Organisation

Vorteile

- ✓ Sehr anpassungsfähiges und dynamisches System.
- ✓ Schnelle und direkte Kommunikationswege.
- ✓ Bessere Entscheidungskompetenzen.
- ✓ Identifikation durch starke Beteiligung der Stelleninhaber.
- ✓ Obere Führungsebene wird entlastet.

Nachteile

- ✓ Mehr Abstimmung notwendig.
- ✓ Kompetenzüberschneidungen führen zu Konflikten.
- ✓ Mitarbeiter bekommen von zwei Seiten Weisung.
- ✓ Höhere Kosten durch Kommunikationsaufwand.
- ✓ Übersichtlichkeit der Struktur nimmt ab.

3.1.4.2 **Prozessorganisation** (auch Ablauforganisation)

Durch die Prozessorganisation werden alle Arbeitsschritte im operativen Bereich gestaltet, Arbeitsschritte werden somit von Anfang bis Ende abgebildet. Die genaue Prozesserfassung zielt auf beschleunigte Unternehmensabläufe und soll die Zahl der Schnittstellen zwischen den Arbeitsplätzen mindern.

Weiterhin werden durch diese Art der Gestaltungen Hierarchieebenen reduziert, die zu mehr Kooperation in den Abstimmungsprozessen führen. Doppelungen von Tätigkeiten werden durch transparente Abläufe vermieden und ermöglichen eine genaue Zuordnung der Aufgaben an jedem einzelnen Arbeitsplatz.

Diese Art der Organisationsform eignet sich besonders für Dienstleistungsorganisationen, die durch Team- und Projektarbeit geprägt sind. Ein weiterer Begriff, der in diesem Zusammenhang entstand, ist der der "Lernenden Organisation".

Die Teammitglieder lernen durch eigene Kompetenz und aus Erfahrungen, Fehler zu analysieren und selbständig auf Veränderungen zu reagieren. In diesen Organisationen werden jedoch hohe Anforderungen in die Teams delegiert und es entsteht ein erhöhtes Konfliktpotenzial zwischen den Teammitgliedern.

Die Durchführung erfolgt nach folgenden Aspekten:

- Personaler Aspekt: Wer arbeitet an welchem Arbeitsplatz und mit welchen Arbeitsmitteln? (Kenntnisse, Leistungsvermögen)
- Räumlicher Aspekt: An welchem Ort wird die Tätigkeit ausgeführt?
- Zeitlicher Aspekt: In welcher Reihenfolge und zu welcher Zeit werden die Tätigkeiten ausgeführt? Wie viel Zeit wird für den einzelnen Arbeitsschritt benötigt?
- Ressourcenmäßiger Aspekt: Welche Roh-, Hilfs- und Betriebsstoffe werden für die Ausführung der Tätigkeiten benötigt?[38]

Die Umsetzung der Prozessorganisation ist mit einem hohen zeitlichen und monetären Aufwand verbunden. Daher wird die Unternehmensleitung diesen Prozess anordnen und meist durch externe Mitarbeiter im Unternehmen auf allen Ebenen implementieren. Folgende Schritte werden unterschieden:

Prozessanalyse

Die Analyse dokumentiert die Abläufe der Tätigkeiten am Arbeitsplatz und der Arbeitsorganisation. . Es erfolgt eine Bestandsaufnahme durch Interviews, Fragebögen, Konferenzen, Experimente und Beobachtungen. Die Aufnahme von messbaren Tätigkeiten gestaltet sich hierbei relativ einfach, doch viele Arbeitsschritte im qualitativen Bereich werden subjektiv erfasst.

Prozessplanung

Sie folgt der Prozessanalyse und bestimmt die Zielplanung sowie Strukturplanung. Dabei wird die Zielplanung aus den Unternehmenszielen abgeleitet. Fragenkataloge zu Problemstellungen im Unternehmen werden entwickelt, meist sind diese Ziele klar ökonomisch formuliert, wie:

- Termine einhalten.
- Kosten senken.
- Mitarbeiterpotenziale nutzen.
- Kapazitäten ausnutzen.
- Produktivität erhöhen.
- Prozessqualität verbessern.

[38] Vgl. Olfert, Organisation

Prozessgestaltung

Die Durchführung der Prozessorganisation soll sich grundsätzlich kostengünstig und effektiv darstellen, dabei helfen Verständnis und Akzeptanz bei allen Beteiligten. Die unterschiedlichen Funktionsbereiche des Unternehmens, auch als Wertschöpfungskette bezeichnet werden in Teilprozesse gegliedert.

Primäre Aktivitäten werden direkt der Herstellung und dem Vertrieb zugeordnet. Sekundäre Aktivitäten unterstützen die primären Aktivitäten, z. B. Abteilungen der Personalwirtschaft, Forschung oder Entwicklung.[39]

Zur Darstellung von Abläufen ist ein Datenflussplan geeignet, auch als Flussdiagramm bezeichnet. Folgendes wird dokumentiert:

- Welche Arbeitsplätze sind beteiligt?
- Welche Daten gehen in die Prozessorganisation ein?
- Welche Datenträger bzw. Programme werden genutzt?
- Welche Ergebnisse ergeben sich aus dem Prozess?

Die Symbolik des Datenflussplanes ist in DIN 66001 geregelt, durch:

- Bearbeitungssymbole
- Datenträgersymbole
- Datenflusssymbole
- Kombinationssymbole
- Formalsymbole.

Folgende Regeln sind für die grafische Darstellung zu beachten:

- Prozesse werden in vielen Prozesslinien abgebildet, die parallel laufen, da Tätigkeiten an verschiedenen Arbeitsplätzen zu den selben Zeiten geleistet werden..
- Die Vernetzungen sind grafisch darzustellen, durch Symbole die z. B. Anfang, Ende, Entscheidungen darstellen.
- Datenträgersymbole enthalten Namen oder Titel die der Suchlogik entsprechen, z. B. Personen oder Abteilungen.
- Die Darstellungen werden so einfach wie möglich gestaltet.
- Die Tätigkeiten sind ebenfalls grafisch abzubilden.

[39] Vgl. Olfert, Organisation

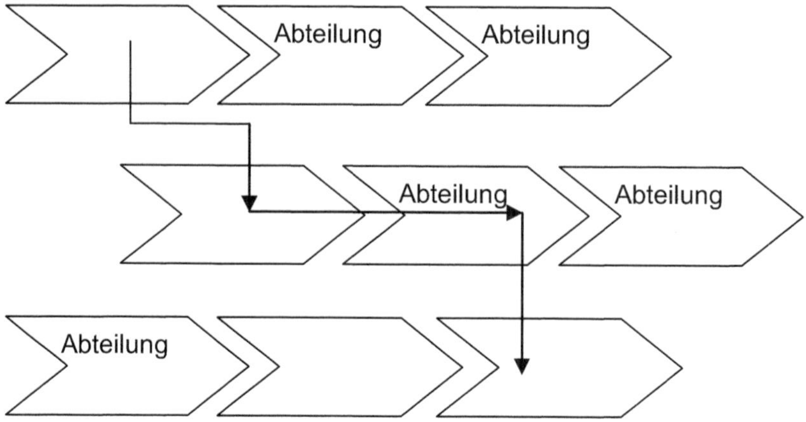

Abb. Katrin König: Informationswege in Unternehmensprozessen

Der Datenflussplan ist eine Dokumentation für ein schnelles Erkennen von Datenzusammenhängen. Alle anfallenden Dokumente wie Angebote, Rechnungen, Aufträge, Anweisungen werden eingescannt und im Arbeitsprozess hinterlegt. Mitarbeiter können jederzeit erkennen, was, wo, wann und in welcher Zeit erledigt werden soll.

Prozesskontrolle

Sie erfolgt während der gesamten Prozessgestaltung und vergleicht die Soll-Ist-Daten der gesetzten Ziele. Fragenkataloge helfen dabei:

- Werden die Ziele der Konzeptplanung erreicht?
- Werden Vorgaben der Planung eingehalten?
- Waren die Mitarbeiter den Anforderungen gewachsen?
- Welche Probleme sind aufgetreten?
- Wo können Verbesserungen durchgeführt werden?

Prozessdokumentation

Nur wenn Daten vollständig erfasst werden sowie eindeutig und nachvollziehbar sind, werden im Unternehmen die gewünschten Ziele erreicht. Durch ständige Marktveränderungen sind auch die Anpassungen im Unternehmen in den Prozessgestaltungen zu berücksichtigen. Für diese Aufgabe muss, je nach Unternehmensgröße, mindestens ein Mitarbeiter zuständig sein.[40]

[40] Vgl. Olfert, Organisation

Beteiligung von Betriebsräten

Im Unterrichtungs- und Beratungsrecht des § 90 BetrVG geht es um die Gestaltung von Arbeitsplätzen, um Arbeitsabläufe und die Arbeitsplatzumgebung. Der Betriebsrat ist vor den geplanten Maßnahmen zu informieren, um dem Arbeitgeber Vorschläge zu unterbreiten bzw. seine Bedenken zu formulieren.

Der § 90 Abs.1 regelt: „ Der Arbeitgeber hat über die Planung von ... rechtzeitig unter Vorlage der erforderlichen Unterlagen zu unterrichten." Dieses Recht gibt dem BR die Möglichkeit bei folgenden Themen mitzuwirken:

- bei Einführung von technischen Anlagen,
- bei der Planung aktueller und künftiger Arbeitsbedingungen,
- bei Veränderungen bisheriger Arbeitsverfahren,
- bei der Neuplanung von Arbeitsplätzen bzw. Rationalisierung.

Das Betriebsverfassungsgesetz regelt die Mitbestimmung der betrieblichen Interessenvertretung. Im Zusammenhang mit den in § 5 Arbeitsschutzgesetz geforderten Gefährdungsbeurteilungen steht den Betriebsräten, gemäß § 87 Abs.1 Ziffer 7 BetrVG, ein umfassendes Mitbestimmungsrecht zu.

Arbeitnehmervertreter haben das Recht und die Pflicht Arbeitsplätze zu begehen und diese zu beurteilen. Die gesetzliche Basis der Gefährdungsbeurteilung ist im Arbeitsschutzgesetz im § 5 und § 6 festgeschrieben. Die Gefährdungsbeurteilung bildet ein Konzept für eine systematische Prävention und ist somit Grundlage des betrieblichen Arbeitsschutzes.

Der Betriebsrat muss den Arbeitgeber über erkannte Gefahren informieren und ihn auffordern geeignete Maßnahmen zu ergreifen, um diese zu beseitigen oder zu verringern. Bei der Ausarbeitung der Dokumentation für die Gefährdungsbeurteilung der einzelnen Arbeitsplätze ist der Betriebsrat mit einzubeziehen.

3.2 Personalmanagement

3.2.1 Aufgaben und Ziele des Personalmanagement

Ursprünglich hatte die Personalwirtschaft eine verwaltungs-und produktivitätsorientierte Ausrichtung. Das Denken in Hierarchien und formale Qualifikationen - das ist Historie. Die heutige Ausrichtung basiert auf Wertschöpfung, Change Management, Talent Management und Work-Life-Balance. Inwieweit die genannten Managementmethoden auch eine günstige Auswirkung auf die Beschäftigten haben, wird in den nächsten Kapiteln genauer betrachtet. Grundsätzlich sind alle Theorien und Instrumente die methodisch in der Personalwirtschaft angewendet werden, positiv gedacht.

Unterschiedlichste Faktoren wirken auf personalwirtschaftliche Entscheidungen im Unternehmen ein und verlangen eine Anpassung an Wertewandel, Globalisierung, Wettbewerbsintensität sowie Digitalisierung durch technologische Entwicklungen.

Arbeitsmärkte
- Erwerbslose
- Tarifautonomie
- Employer Branding

Globalisierung
- Wettbewerber
- Technologien
- Innovationen

Personalmanagement

Wertewandel
- Verhalten
- Präferenzen
- Entscheidungen

Demographie
- Erwerbstätige
- Geburtenraten
- Bildungswesen

Eine der Aufgaben, die die Personalwirtschaft zu erfüllen hat, ist die andauernde Sicherung des Produktionsfaktors „Arbeit" zu wirtschaftlichen Bedingungen des Unternehmens.

Weitere Aufgaben befassen sich mit dem optimalen Einsatz der Mitarbeiter durch quantitative und qualitative Personalbedarfsplanung sowie der Schaffung bestmöglicher Arbeitsbedingungen unter Berücksichtigung von Arbeits- und Gesundheitsschutz.

Nicht nur die Personalabteilung, sondern auch Unternehmensleitung und Führungskräfte verschiedener Abteilungen sowie der Betriebsrat verfolgen wirtschaftliche und soziale Ziele in einem Unternehmen. Soziale Ziele werden auch als humanitäre Ziele bezeichnet. Sowohl die wirtschaftlichen als auch sozialen Ziele unterliegen den rechtlichen, organisatorischen und volkswirtschaftlichen Gegebenheiten.

Im Allgemeinen werden die personalwirtschaftlichen Ziele von den Unternehmenszielen abgeleitet, die durch den Inhaber des Unternehmens oder die Geschäftsleitung definiert werden. Es besteht zwischen den wirtschaftlichen und sozialen Zielen eine wechselseitige Abhängigkeit. Soziale Ziele sind:

- Arbeitsplatzgestaltung,
- Arbeitsschutz,
- Arbeitszeitgestaltung,
- Entlohnung,
- Arbeitsklima,
- Personalführung,
- Personalentwicklung,
- Mitbestimmung.

Wirtschaftliche Ziele sind:

- Erhöhung der Wettbewerbsfähigkeit,
- Kostenminimierung,
- Einsatz der Mitarbeiter nach Qualifikation,
- Steigerung der Mitarbeiterleistung / Produktivität,
- Nutzung von Kenntnissen und Erfahrungen der Mitarbeiter.

Die wechselseitige Abhängigkeit kann durch unterschiedliche Zielbeziehungen dargelegt werden:

1. Komplementäre Ziele, weil Mitarbeiter ihre Bedürfnisse und Erwartungen nur erfüllen können, wenn das Unternehmen in seiner Existenz gesichert ist. Demzufolge ergänzen sich beide Zielsetzungen.

2. Zielindifferenz, weil die wirtschaftliche oder soziale Zielerreichung keinen Einfluss auf die andere Zielsetzung hat.
3. Zielkonkurrenz, weil Ziele konkurrieren, indem eine Zielerreichung auf der einen Seite zu einer Verminderung der Zielerreichung auf der anderen Seite führt.

Werden soziale und wirtschaftliche Ziele als komplementär bzw. indifferent bewertet, so können Konflikte zwischen Mitarbeitern und Unternehmensleitung gemindert werden. Demzufolge wird die Unternehmenssituation nicht durch die Verbesserung der Situation der Mitarbeiter beeinträchtigt, sondern eher begünstigt. Ein Beispiel wäre das vielzitierte positive Arbeitsklima, das die Krankentage der Mitarbeiter mindert.[41]

3.2.1.1 Dimensionen des Arbeitsmarktes

Viele Institute erfassen regelmäßig Daten, die Aufschluss über den Arbeitsmarkt und seine Erwerbstätigen sowie Erwerbslosen geben. Die Analysen werden unter anderem vom Institut für Arbeitsmarkt- und Berufsforschung in Nürnberg erhoben, das im Jahr 1967 als Forschungseinrichtung der Bundesanstalt für Arbeit gegründet wurde. So wird die Zahl der Gesamtbevölkerung, die Zahl der Erwerbstätigen sowie Erwerbslosen, die Zahl der Auszubildenden und Studierenden, der Kurzarbeiter, Leiharbeiter und Werkverträgler sowie der Soloselbständigen und prekär Beschäftigten dokumentiert. Diese Zahlen haben einen unmittelbaren Einfluss auf die Personalbeschaffung und die Entgeltgestaltung in Unternehmen.

Eine Dimension ist die Bildungs- und Qualifizierungsstruktur in Unternehmen, die eine interne Personalentwicklung regelt. Nach dem Berufsbildungsgesetz ist der Arbeitgeber verpflichtet, die Erhaltung der beruflichen Handlungsfähigkeit, die Anpassung an die beruflichen Notwendigkeiten und den Aufstieg in der beruflichen Laufbahn für die Mitarbeiter zu sichern.

Auch das Thema der Erstausbildung spielt eine große Rolle, da doch zunehmend Arbeitgeber über Fachkräftemangel in den einzelnen Branchen berichten. Das Berufsbildungsgesetz formuliert auch hier Regeln, welche Voraussetzungen ein Unternehmen erfüllen muss, um fachlich und persönlich als Ausbildungsstätte geeignet zu sein.

[41] Vgl. Jung, Personalwirtschaft

Bekannte Arbeitgeber haben einen Vorteil, was die Zahl der eingehenden Bewerbungen betrifft. Ihr gutes Arbeitgeberimage, auch als Employer Branding bezeichnet, verdanken Unternehmen oft der Entgeltpolitik und Arbeitsplatzsicherheit in Deutschland. Natürlich sind auch andere Faktoren für ein positives Arbeitgeberimage entscheidend, doch Bewerber orientieren sich häufig an diesen beiden Werten. Eine Umfrage aus der Zeit von November 2010 bis März 2011, die unter 8.500 Studierenden durchgeführt wurde, sind folgende Imagewerte zustande gekommen.

1. Platz	Audi
2. Platz	BMW
3. Platz	Lufthansa
4. Platz	Porsche
5. Platz	Deutsche Bank
6. Platz	McKinsey
7. Platz	Auswärtiges Amt
8. Platz	Daimler
9. Platz	Google
10. Platz	Volkswagen

Die Studierenden durften bis zu fünf Unternehmen aus 130 Unternehmen benennen, die sie als besonders attraktiv bewerteten.[42]

Die aktuelle Bildungslandschaft wird stark diskutiert. Thomas Sattelberger formulierte, dass sich die Berufsausbildung gerade selbst abschafft, da sie einfach nicht mehr attraktiv ist. Er selbst galt bis zu seinem Ruhestand als einer der einflussreichsten Personalmanager in Deutschland. Vor dem Hintergrund der Digitalisierung werden viele klassische Fachkräfte in Zukunft durch Roboter ersetzt, demnach ist eine Zunahme von Akademikern in den MINT-Bereichen (Mathematik, Informatik, Naturwissenschaft und Technik) notwendig.

Doch die Verhältnismäßigkeit ist nicht gegeben, denn nach einer Studie des Instituts für Berufliche Bildung fehlen bis 2030 ca. 3 Millionen nichtakademische Fachkräfte, während ca. 1,6 Millionen Bewerber mit akademischen Abschluss einen gesicherten Arbeitsplatz suchen.[43] Das Bildungs- und Erziehungssystem muss auf die Veränderung in der Arbeitswelt reagieren, um die Anforderungen der Zukunft bewältigen zu können.

---

[42] Vgl. Rettig, Arbeitgeber-Ranking
[43] Vgl. Carta 2020, Das Bildungsmagazin des Stiftungsverbandes

3.2.1.2 Diversity Management

Diversity bezeichnet, im Hinblick auf Humanressourcen, die individuelle Verschiedenheit von Mitarbeitern im beruflichen Arbeitsalltag. Unternehmen sollten die unterschiedlichen Menschen, die in einer Gesellschaft leben, in der Belegschaft berücksichtigen. Menschen unterscheidet:

- Geschlecht
- Alter
- Nationalität
- Bildungsabschluss
- Kultur
- Religion
- Körperliche Behinderung
- Lebensstil

Auch aus wirtschaftlicher Sicht wird der Diversityansatz genutzt, er ermöglicht den Zugang zu globalen Märkten und kann Marktanteile erhöhen. Mitarbeiter sprechen unterschiedliche Sprachen und kennen andere Kulturkreise, das ermöglicht Kundenwünsche besser zu erfüllen. Weiterhin führen Toleranz und Respekt zu einem besseren Arbeitsklima und lässt somit die Arbeitgeberattraktivität steigen.

Heterogene Gruppen arbeiten kreativer und produktiver, da unterschiedliche Erfahrungen, Kenntnisse und Fähigkeiten vorhanden sind. Unterschiedliche Ideen und Denkansätze bringen ungeahnte Ergebnisse hervor und eine Vielfalt von Meinungen, Werten sowie Einstellungen stoßen Veränderungsprozesse an.

Drei Ansätze des Diversity Management:

1. Antidiskriminierungs- und Fairness- Ansatz nutzt z.B. Quoten für benachteiligte Mitarbeiter bzw. Mitarbeitergruppen.

2. Markt-, Zutritts- und Legitimitätsansatz nutzt Wettbewerbsvorteile z.B. Kundenbetreuer werden gezielt nach Geschlecht, Alter usw. ausgewählt. Ein zum Teil zwiespältiger Ansatz.

3. Integrativer Ansatz nutzt ethische und wirtschaftliche Gründe gleichermaßen. Dieser anspruchsvolle Ansatz profitiert von den interkulturellen Lerneffekten und berücksichtigt die Unterschiedlichkeit der Mitarbeiter als Lernchance.[44]

[44] Vgl. Simon, Führung und Zusammenarbeit

Beispiel BASF-Gruppe aus dem Unternehmensleitbild 2010

Grundwert: Interkulturelle Kompetenz
Wir fördern kulturelle Vielfalt innerhalb der BASF-Gruppe und arbeiten als Team zusammen. Interkulturelle Kompetenz ist unser Vorteil im globalen Wettbewerb.

Leitlinien:
Wir wollen persönlich und fachlich geeignete Mitarbeiter aus allen Kulturen und Nationalitäten gewinnen, die sich engagiert für die Ziele und Werte unseres Unternehmens einsetzen. Führungsnachwuchs gewinnen wir aus allen BASF-Gesellschaften und bilden ihn bevorzugt aus den eigenen Reihen heran. Wir diskriminieren niemanden wegen Nationalität, Geschlecht, Religion oder anderer persönlicher Merkmale.

Mehr als jedes zweite Unternehmen in Deutschland fördert die Vielfalt und Nichtdiskriminierung am Arbeitsplatz. Die Fähigkeiten und Fertigkeiten der Mitarbeiter sind unabhängig von Geschlecht, Alter oder Herkunft zu bewerten. Der Diversityansatz muss auf allen Managementebenen implementiert werden und gerade Führungskräfte tragen mit ihrer Vorbildfunktion zum Gelingen der Kultur von Akzeptanz, Respekt und Wertschätzung bei.

Auch das Alters-Diversity-Management muss stärker in der Organisationsentwicklung berücksichtigt werden. Aufgrund von Vorruhestandsprogrammen, konjunkturbedingter Freisetzung und Altersteilzeit wurden, in den letzten zwei Jahrzehnten, deutsche Unternehmen in der Mehrheit zu junge Unternehmen. Doch höhere Lebenserwartungen und die Verlängerung der Lebensarbeitszeit erfordern ein Umdenken.

Die Zuordnung der Kategorie „Alt“ führte in der Vergangenheit dazu, dass ältere Mitarbeiter weniger Personalförderung erlebten. Ein großer Fehler, ist man sich doch bewusst, was für ein Wissen dem Unternehmen entgehen würde. Zahlreiche Studien belegen, dass Intelligenzleistung in hohem Ausmaß von Gesundheitszustand, Schulbildung und früherem Beruf abhängig ist. Individuelle Bildungsförderung ermöglicht, trotz zunehmenden Lebensalters, Wissen und Können zu erhalten und zu erweitern.[45]

[45] Vgl. Kruse / Lehr, Altenbildung

3.2.2 Personalbereitstellung

Die Leistungsplanung beinhaltet die andauernde Sicherung des Produktionsfaktors „Arbeit“ zu wirtschaftlichen Bedingungen des Unternehmens sowie den optimalen Einsatz der Mitarbeiter durch quantitative und qualitative Personalbedarfsplanung bei Schaffung bestmöglicher Arbeitsbedingungen.

Die Grundlage bildet die Personalbedarfsplanung, die durch unterschiedliche Methoden und Berechnungen den erforderlichen Personal-Sollbestand ermittelt. Ergibt der Vergleich mit dem Personal-Istbestand eine Differenz zum Personalbedarf, schließt sich daran die Personalbeschaffung an.

3.2.2.1 Personalbedarfsplanung

Unterschiedliche Verfahren ermitteln die personellen Kapazitäten zur Sicherung und Erfüllung der betrieblichen Leistungserstellung. Unter Berücksichtigung der wirtschaftlichen Ziele rekrutiert die Personalabteilung geeignete Mitarbeiter für das Unternehmen. Von Bedeutung sind:

- ✓ die erforderliche Anzahl von Mitarbeitern,
- ✓ mit den erforderlichen Qualifikationen,
- ✓ die zum richtigen Zeitpunkt und
- ✓ am richtigen Ort zur Verfügung zu stehen.

Durch die Personalbedarfsplanung sollen konkrete Ziele umgesetzt werden. Im Vordergrund steht die Wirtschaftlichkeit des Unternehmens und damit die Absicherung durch qualifizierte Mitarbeiter, den Erfolg langfristig zu sichern. Das beinhaltet, die Leistungen der Mitarbeiter an konjunkturelle sowie saisonale Veränderungen anzupassen. Ebenso gilt dies für eine Anpassungsfähigkeit an gesetzliche Bestimmungen, wie z.B. den Mindestlohn oder die Förderung von Innovationen.

Der zunehmenden Arbeitsverdichtung in der Vergangenheit ist entgegenzuwirken. Das kann zum einen durch eine positive Arbeitsplatzgestaltung erfolgen und zum anderen durch die Schaffung einer Mitarbeiterreserve, die auf der Grundlage von Urlaubs- und Krankentagen berechnet wird.[46]

[46] Vgl. Holtbrügge, Personalmanagement

Unternehmen stehen unterschiedliche Methoden zur Ermittlung des Personalbedarfes zur Verfügung, die jedoch organisatorische, menschliche, wirtschaftliche und technische Aspekte berücksichtigen müssen. Demzufolge werden die ermittelten Werte nur als Prognose oder Annäherung verstanden, die auf der Grundlage von Statistiken, Daten und Kennzahlen entstehen. Für eine genauere Personalbedarfsermittlung spricht also eine Kombination aus verschiedenen Methoden, die nun näher betrachtet werden.

Die Ermittlung des Personalbedarfs erfolgt grundsätzlich in drei Phasen:

1. Ermittlung des Bruttopersonalbedarfs (gesamter zukünftiger)
2. Ermittlung des künftigen Personalbestandes (Prognose)
3. Ermittlung des Nettopersonalbedarfs (Differenz aus 1. und 2.)

1. Methode: Abgangs-Zugangsrechnung:
Bruttopersonalbedarf = Einsatzbedarf + Reservebedarf
Nettobedarfsplanung = Bruttopersonalbedarf – Ist-Personalbestand
Einsatzbedarf = voraussichtliche Abgänge – voraussichtliche Zugänge
Neubedarf = Einsatzbedarf + Zusatzbedarf = Nettopersonalbedarf

2. Methode: Schätzung
Schätzverfahren werden in der Praxis vielfach angewendet, indem Daten und Informationen aus den letzten zwei bis fünf Jahren analysiert und geprüft werden. Kompetente Personen aus dem Unternehmen geben eine subjektive Bewertung ab und formulieren anschließend eine Schätzung für die Zukunft. Es gibt auch die Möglichkeit der Expertenbefragung, die auch als Delphi Methode bekannt ist. Hier werden externe Spezialisten bzw. Trendforscher befragt und sie werden zu bestimmten Themen eine Stellungnahme abgeben.

3. Methode: Statistische Verfahren
Mittlere und große Unternehmen werden auf der Basis von relativ konstanten Einflussgrößen Berechnungen vornehmen. Die Bezugsgrößen werden aus den Funktionsbereichen des Unternehmens gewonnen und können z.B. Fertigungsmenge, Investitionsvolumen, Branchenwachstum oder die Anzahl der Auftragseingänge sein. Weiterhin gibt es Kennzahlen, die die Arbeitsproduktivität ausdrücken, indem der Umsatz durch die Anzahl der Beschäftigen geteilt wird.[47]

[47] Vgl. Jung, Personalwirtschaft

4. Methode: Organisatorische Verfahren
Diese Methode orientiert sich nicht an Einflussgrößen wie der Arbeitsmenge sondern ausschließlich an der Organisationsstruktur oder an gesetzlichen Vorschriften. Eine organisatorische Voraussetzung ist der Stellenplan, der den Arbeitsplatz beschreibt und Hierarchieebenen zuordnet. Häufig wird die Stellenplanmethode im Bereich von Forschungs- und Verwaltungspersonal angewendet und bei der Besetzung von Stellen für Führungskräfte.

5. Methode: Monetäre Verfahren
Auf der Basis der zur Verfügung stehenden finanziellen Mittel eine Entscheidung für den zukünftigen Bedarf zu treffen, berücksichtigt nur die Kosten-Budgetplanung. Bei dieser Methode wird in keinster Weise die quantitative oder qualitative Leistung berücksichtigt und ist somit nachteilig für die wettbewerbsrelevante Ausrichtung des Unternehmens. Ein objektive Einschätzung der Unternehmenssituation wird allein auf der Grundlage der monetären Mittel nicht gegeben sein.[48]

3.2.2.2 Personalbeschaffungsplanung

Um die erforderlichen Arbeitskräfte in qualitativer, quantitativer, zeitlicher und örtlicher Hinsicht bereitzustellen, müssen die gesuchten Anforderungen formuliert werden. Das Anforderungsprofil wird für die zu besetzende Stelle definiert und bestimmt den gewünschten Beschaffungsweg. Es lassen sich interne und externe Beschaffungswege unterscheiden.

Interne Personalbeschaffung kann mit oder ohne Änderung der bestehenden Arbeitsverhältnisse erfolgen. Die Bedarfsdeckung ohne Personalbewegung wird meist nur kurzfristig möglich sein, z.B. durch Überstunden, Verlängerung der betriebsüblichen Arbeitszeit, Urlaubsverschiebung oder die Qualifizierung von Mitarbeitern.

Eine Bedarfsdeckung mit Personalbewegung wird durch die Versetzung durch Weisung oder Änderungskündigung ermöglicht sowie durch eine Personalentwicklungsmaßnahme. Bei den genannten Maßnahmen ist der Betriebsrat durch sein Mitbestimmungsrecht beteiligt. Die Durchführung einer internen Stellenausschreibung kann durch Tarifverträge oder durch das Verlangen des Betriebsrats nach § 93 BetrVG festgeschrieben werden.

[48] Vgl. Jung, Personalwirtschaft

Die interne Personalbeschaffung hat folgende Vorteile und Nachteile.

Vorteile:

- Der Auswahlprozess ist wesentlich kostengünstiger.
- Der Arbeitsplatz kann schneller besetzt werden.
- Die Einarbeitungszeit der Mitarbeiter ist geringer.
- Die Mitarbeiter sind dem Unternehmen bekannt.
- Durch Personalentwicklung erfolgt eine Mitarbeiterbindung.

Nachteile:

- Die Anzahl der Bewerber ist geringer.
- Rivalitäten zwischen mehreren Bewerbern.
- Ein anderer Arbeitsplatz muss besetzt werden.
- Betriebsblindheit wird verstärkt.
- Enttäuschung bei Mitbewerbern.

Der externe Beschaffungsweg wird Unternehmen mit einem hohen Bekanntheitsgrad oder einem guten Arbeitgeberimage viele Bewerber beschaffen. Firmenveranstaltungen, wie ein "Tag der offenen Tür", Betriebsbesichtigungen, Beteiligungen auf Bewerbermessen für Auszubildende und Studierende bringen die nötigen Kontakte, um mittelfristig qualifizierte Fachkräfte zu sichern.

Sollten sich Bewerber unaufgefordert initiativ vorstellen, sparen Unternehmen zusätzlich Beschaffungskosten. Damit bezieht sich die externe Personalbeschaffung auf den Teil des Arbeitsmarktes, der außerhalb des Unternehmens liegt und kann folgende Wege nutzen:

- Ausschreibung auf der Homepage im Internet
- Auftritt in den sozialen Medien des Internets
- Ausschreibung in Jobbörsen des Internets
- Agentur für Arbeit
- Arbeitnehmerüberlassung
- Personalberater
- Ausschreibung in Tages- und Fachzeitungen
- Mitarbeiter werben Mitarbeiter.

Auch aus der externen Personalbeschaffung ergeben sich Vor- und Nachteile.

Vorteile:

- Viele Bewerber ermöglichen eine große Auswahl.
- Die Bewerber bringen aktuelle Qualifikationen mit.
- Neue Ideen werden ins Unternehmen gebracht.
- Erfahrungen aus dem Umfeld von Wettbewerbern.
- Neutraler Blick von außen ohne Abhängigkeiten.

Nachteile:

- Zeitaufwändiger Bewerberauswahlprozess.
- Kostenintensive Stellenausschreibungen und Auswahl.
- Bewerber sind dem Unternehmen nicht bekannt.
- Längere Einarbeitungsphase.
- Erhöhte Fluktuation, auch in der Probezeit, möglich.

Bewerbung

Die schriftlich zugesandten Bewerbungen werden das Unternehmen meist über den elektronischen Weg erreichen. Das Bewerbungsanschreiben, der Lebenslauf sowie Schul- bzw. Ausbildungsabschlüsse und Zeugnisse voriger Arbeitgeber treffen vorwiegend Aussagen zu den fachlichen Kompetenzen der Bewerbers. Weiterhin geben sie Aufschluss zum Alter, Geschlecht, der familiären Situation und der sozialen Herkunft. Die Sozial- oder Individualkompetenz lassen sich durch die Schriftform kaum erkennen. Daher sollten Stellenausschreibungen keine Begriffe wie Belastbarkeit, Kritikfähigkeit, Toleranz und Eigeninitiative abfragen, da eine Überprüfung des Verhaltens frühestens im Vorstellungsgespräch möglich ist.

Die Stellenausschreibung hat somit einen großen Einfluss auf die Inhalte der Bewerbungen, denn umso genauer das Anforderungsprofil des Arbeitgebers formuliert wurde, umso gezielter kann der Bewerber auf die gewünschten Vorgaben eingehen. Stellenausschreibungen sollten sich sehr genau am Tätigkeitsbereich des Arbeitsplatzes orientieren, denn überhöhte Erwartungen an die Bewerber machen langfristig keinen Sinn. Bewerber möchten ihre Fähigkeiten und Fertigkeiten auch im Arbeitsalltag einsetzen, sollte ihnen das nicht möglich sein, stellt sich Unterforderung ein und sie werden das Unternehmen verlassen.

Der externe Beschaffungsprozess kostet zwischen zwei und drei Monatsgehälter und muss demensprechend sorgfältig vorbereitet sein. Die Ausschreibungsinhalte werden zum großen Teil von der Fachabteilung definiert.

Seit einigen Jahren gibt es auch in Deutschland vermehrt Unternehmen, die ein anonymes Bewerbungsverfahren nutzen. In den eingegangenen Bewerbungsunterlagen werden vor dem Auswahlprozess der Name, das Alter, der Familienstand, die Religion sowie die Nationalität geschwärzt, auch Bewerberfotos werden nicht zur Auswahl zugelassen. Es ist ein Ansatz der Diskriminierung verhindern soll und allein die Qualifikation des Bewerbers in den Vordergrund stellt. Grundsätzlich bleiben Auswahlverfahren immer subjektiv, auch wenn Kriterien benannt werden, spielt doch die individuelle Erfahrung des Beurteilenden eine große Rolle.

Nach Eingang der Bewerbungen erfolgt die Selektion in sehr geeignet, geeignet und nicht geeigneter Bewerber. Den Bewerbern, die nicht geeignet erscheinen wird man schriftlich absagen und ihnen mitteilen, wie mit ihren Unterlagen verfahren wird. Der Arbeitgeber ist allerdings gesetzlich nicht verpflichtet den initiativ eingegangenen Bewerbungen abzusagen. Jedoch sollte ein Arbeitgeber immer an seinen öffentlichen Auftritt und somit sein Arbeitgeberimage denken. Folgende Unterlagen können analysiert werden.

Der Lebenslauf wird auch als Herz der Bewerbung bezeichnet, da in kurzer Zeit die Übereinstimmung der Profile sichtbar wird und nur dann weitere Unterlagen berücksichtigt werden.

Zeitfolgenanalyse

- Prüft Zusammenhänge und sucht evtl. Lücken.
- Wie oft wurde die Stelle gewechselt?
- Wie war die jeweilige Positionsdauer?
- Wie sind berufliche Stationen mit Monatsangaben versehen?

Entwicklungsanalyse

- Fragt nach dem positionellen Auf- oder Abstieg.
- Wo sind Veränderungen im Aufgabengebiet?
- Ist die berufliche Entwicklung nachvollziehbar?
- Welchen Trend zeigt die berufliche Entwicklung?
- Ist die Entwicklung kontinuierlich?
- Lassen sich Wechselmotive erkennen?

Firmen- und Branchenanalyse

- Untersucht die Frage nach Klein- oder Großbetrieb.
- In welche Branchen wurde gewechselt?

Im Anschreiben soll der Bewerber sein Interesse am Unternehmen bekunden, nach Möglichkeit mit Argumenten, die sich auf den Zweck und die Aufgaben des angestrebten Arbeitgebers beziehen. Der Stil eines Bewerbungsanschreibens ist zusätzlich eine Selbstdarstellung des Bewerbers. Natürlich sind in den unterschiedlichen Branchen auch vielfältige Gestaltungselemente zulässig. In Kreativberufen ist Originalität erwünscht, im kaufmännischen Bereich steht hingegen die Einhaltung der DIN Norm im Vordergrund. Folgende Fragen sollten im Anschreiben beantwortet werden:

<u>Inhalt</u>

- Warum erfolgt die Bewerbung?
- Welche Tätigkeit hat der Bewerber zur Zeit?
- Welche Zusatzqualifikationen liegen vor?
- Was erwartet der Bewerber von dem Arbeitsplatz?
- Wird auf den Anzeigentext eingegangen?
- Gibt es Widersprüche?
- Ist der Inhalt verständlich gegliedert?

<u>Sprachstil</u>

- Wie ist der Ausdruck?
- Gibt es einen klaren Satzbau?
- Wie logisch sind Satzverbindungen?
- Werden viele Fremdwörter oder Fachbegriffe eingesetzt?
- Wie umfangreich ist der Wortschatz?

<u>Form</u>

- Wird die DIN Norm eingehalten?
- Wird eine einheitliche Schrift verwendet?
- Werden Absätze vorgenommen?
- Welche gestalterischen Elemente werden genutzt?

Das Arbeitszeugnis beurkundet die vorrangegangenen Arbeitsverhältnisse und ermöglicht so eine Kontrolle von Daten und Tätigkeitsbeschreibungen, die im Lebenslauf angegeben sind. Trotzdem verliert das Zeugnis an Bedeutung in Zeiten von befristeten Arbeitsverträgen, Leiharbeit, Werkverträgen und Projektarbeit. Diese Veränderungen in der Arbeitswelt führen zu Arbeitsverträgen von kurzer Dauer und treffen somit immer weniger Aussagen zur Person und dessen Arbeitsleistung. Da Arbeitgeber in den Wordvorlagen meist Textbausteine verwenden, sind sich leider viele Zeugnisse sehr ähnlich und sie werden den zu Beurteilenden auch nicht gerecht.

Mitarbeiter, die aus dem Unternehmen ausscheiden, haben einen Anspruch auf ein Arbeitszeugnis. Das einfache Zeugnis ist gesetzlich in § 630 Satz 1 BGB geregelt. Es dient dem Arbeitnehmer, den Werdegang lückenlos nachzuweisen. Art und Dauer der Beschäftigung sowie eine genaue Beschreibung der Tätigkeiten im Rahmen seiner Position sind darzulegen.

Das qualifizierte Zeugnis geregelt im § 630 Satz 2 BGB besagt, dass zusätzlich Angaben zur Leistung und zum Verhalten des Arbeitnehmers formuliert werden müssen. Zur Leistung des Arbeitnehmers gehören Fachwissen, Fähigkeiten, Arbeitsweise und Arbeitsbereitschaft, Position, Personalverantwortung sowie Führungsverhalten.

Der § 630 BGB verweist auf
§ 109 (1) der GewO: "Der Arbeitnehmer hat bei Beendigung eines Arbeitsverhältnisses Anspruch auf ein schriftliches Zeugnis...."
§ 109 (2) GewO: "Das Zeugnis muss klar und verständlich formuliert sein...."
§ 109 (3) GewO: "Die Erteilung des Zeugnisses in elektronischer Form ist ausgeschlossen."

Ein Zwischenzeugnis unterscheidet sich vom Endzeugnis nur durch die Verwendung der Zeitform des Präsens. Der Anspruch auf ein Zwischenzeugnis sollte einen nachvollziehbaren Grund haben, der z. B. in einer Bewerbungsabsicht liegen kann. Man sollte eine plausible Erklärung suchen, um das vorhandene Arbeitsverhältnis nicht zu gefährden.

Das qualifizierte Arbeitszeugnis ist in folgende Schritte zu untergliedern:

1. Eingangsteil
Name, Anschrift, Geburtsdatum, Tätigkeitsbeschreibung, Dauer des Arbeitsverhältnisses, Unternehmensskizze
2. Positions- und Aufgabenbeschreibung
Position, Haupt-und Sonderaufgaben, Kompetenzen, Verantwortung
3. Leistungsbeurteilung
Fachwissen, Fähigkeiten, Arbeitsbereitschaft, Arbeitsweise
4. Verhaltensbeurteilung
Internes und externes Verhalten, soziale Kompetenzen
5. Schlussteil
Kündigungs- / Austrittsgrund, Dankesformel, Bedauern, Zukunftswünsche, Empfehlung bzw. Referenz, Ausstellungsdatum, Unterschrift(en)

Vorstellungsgespräch

Bei der Auswertung der schriftlichen Bewerbungsunterlagen wird die Übereinstimmung von Anforderungs- und Fähigkeitsprofil geprüft. Anschließend werden die geeignet erscheinenden Bewerber zum Vorstellungsgespräch eingeladen. Die Anzahl der Vorstellungsgespräche sollte bei maximal zehn Gesprächen liegen.

Eine sorgfältige Vorbereitung ist die Vorrausetzung für ein gutes Gelingen des Auswahlprozesses. Wichtige Fragen für das Organisatorische:

- Wann und wo sollen die Gespräche stattfinden?
- Wer nimmt an den Gesprächen teil?
- Welche Medien werden eingesetzt?
- Was wird an Getränken benötigt?

Da Vorstellungsgespräche in der Art unterschieden werden, ist auch eine inhaltliche Vorbereitung nötig. Freie Vorstellunggespräche sind im Ablauf sehr flexibel und ermöglichen eine große Themenvielfalt. So erfährt die Arbeitgeberseite viel über den Bewerber, auch persönliche Themen finden eine starke Berücksichtigung. Die Auswertung des Gespräches und der Vergleich der Bewerber untereinander wird jedoch erschwert.[49]

Ein strukturiertes Bewerbungsgespräch gibt einen Rahmen vor, der wichtige Fragen und einen roten Faden des Gespräches vorgibt, das ermöglicht eine bessere Vergleichbarkeit.

Das standardisierte Gespräch wird häufig in der Arbeitnehmerüberlassung genutzt und gilt der schnellen Rekrutierung von vielen Bewerbern für die zukünftige Kundenkartei / Bewerberkartei.

Für die Durchführung des Vorstellungsgespräches gilt folgende Zielsetzung:

- Gewinnen eines persönlichen Eindrucks.
- Übereinstimmung von Anforderungs- und Fähigkeitsprofil.
- Erfassen von sozialen Kompetenzen.
- Erkennen von Entwicklungspotenzial.
- Informationen zum Unternehmen geben.
- Positiv bleibenden Eindruck schaffen.

[49] Vgl. Olfert, Personalwirtschaft

Der Durchführungsprozess kann in einzelne Gesprächsschritte unterteilt werden:

1. Begrüßung,
2. Erläuterung der persönlichen Situation,
3. Erläuterung des Bildungsweges,
4. Erläuterung des beruflichen Werdeganges,
5. Private Interessen ansprechen,
6. Darstellung des Unternehmens,
7. Inhalte zum Arbeitsvertrag definieren,
8. Positiver Gesprächsabschluss.

Arbeitgeber und Bewerber werden sich in einem Vorstellungsgespräch von den besten Seiten präsentieren. Wer fragt der führt, demzufolge sollte die Arbeitgeberseite offene Fragen formulieren, um dem Bewerber viel Raum zum Antworten zu lassen. In der Praxis finden meist zwei Gespräche statt, unter Umständen auch mit unterschiedlichen Personenkreisen aus dem Unternehmen. Heutzutage wird auch der zukünftige Kollegenkreis der Bewerber mit einbezogen. Die letzte Entscheidung im Auswahlprozess trifft die Fachabteilung, somit der zukünftige Vorgesetzte.

Eine weitere Methode qualifizierte Bewerber zu erkennen, ist das Assessment-Center. Hierbei handelt es sich um ein Gruppenauswahlverfahren, indem Bewerber über einen oder mehrere Tage in verschiedenen Situationen beobachtet werden. Die Beobachter sollten Psychologen sein, da sie die Verhaltensweisen später analysieren. Das Assessment-Center stellt eine zeit- und kostenaufwändige Methode der Personalgewinnung dar. Typische Übungen, die beim Assessment-Center eingesetzt werden, sind:

- Gruppendiskussion
- Rollenspiel
- Präsentation
- Interview
- Gruppenarbeit

Die Arbeitnehmervertretungen sind am Einstellungsprozess zu beteiligen, durch Einsicht in die Bewerbungsunterlagen und die Protokolle der geführten Vorstellungsgespräche. Der Betriebsrat kann die Zustimmung nach § 99 (2) BetrVG verweigern, wenn eine der inhaltlich benannten 6 Ziffern im Gesetzestext zutrifft und somit der Einstellung entgegensteht.

3.2.3 Personaleinsatz

Die Personaleinsatzplanung ordnet den Mitarbeiter der verfügbaren Stelle im Unternehmen zu. Die Stelle und damit der Arbeitsplatz ist die kleinste organisatorische Einheit und definiert:

- den Arbeitsort und die Arbeitsumgebung,
- die Arbeitsinhalte,
- die Arbeitsmittel sowie
- die Lage und Dauer der Arbeitszeit.

Die Zuordnung an einen Arbeitsplatz kann kurzfristig, mittelfristig und langfristig erfolgen. Ökonomische sowie soziale Einflussfaktoren sollen eine Anpassung der Arbeitsplätze an die Arbeitskräfte ermöglichen und versuchen die Unter- bzw. Überforderung zu vermeiden. Ein wichtiges Thema stellt die Arbeitsplatzgestaltung nach vier Dimensionen dar, auf die im nächsten Abschnitt näher eingegangen wird.

Im Zeitalter der Prozessoptimierung werden die Arbeitsplätze nach quantitativen Gesichtspunkten (Mengenteilung) und nach qualitativen Gesichtspunkten (Artenteilung) unterteilt. Bei der Mengenteilung werden wiederkehrende Aufgaben nach zeitlichem Volumen organisiert, die durch Routine eine höhere Produktivität erreichen. Bei der Artenteilung werden Prozesse nach der Spezialisierung der Mitarbeiter besetzt und ermöglichen wiederum eine höhere Arbeitsproduktivität, da Übung und Gewöhnung die Arbeit erleichtert. Umso größer Unternehmen sind, desto größer der Grad der Spezialisierung durch Mengen- und Artenteilung. Diese Spezialisierung birgt auch Nachteile, die unter anderem zu Monotonie, einseitiger körperlicher oder geistiger Belastungen oder zur Abnahme der Flexibilität führen.[50]

Funktionen der Stellenbeschreibung:

- Dokumentation von Aufgaben und Kompetenzen.
- Bildet die Grundlage für eine gezielte Personalbeschaffung.
- Gibt Informationen zu Befugnis und Weisung der Stelle.
- Regelt die organisatorische Einbindung der Tätigkeit.
- Zeigt Qualifikationsdefizite und Entwicklungsbedarf.
- Kontrolliert die Personalkostenplanung.
- Gibt Aufschluss innerhalb der Personalfreisetzungsplanung.

[50] Vgl. Holtbrügge, Personalmanagement

Der Arbeitsort wird im Arbeitsvertrag des Mitarbeiters festgeschrieben und benennt damit eine räumliche Zuordnung im Unternehmen. Eine Unterscheidung erfolgt in stationäre Arbeitsplätze, die sich nicht verändern und wechselnde Arbeitsplätze, die auch als mobile Arbeitsplätze bezeichnet werden, wie z.B. die des Briefzustellers.

Zunehmend werden Arbeitsplätze durch die Möglichkeit der Telekommunikation auch in die Wohnung des Mitarbeiters verlagert, hier ist von Telearbeit die Rede. Weiterhin ermöglichen Arbeitgeber auch das mobile Arbeiten, das dem Mitarbeiter die Möglichkeit gibt, virtuell an beliebigen Standorten tätig zu werden. Dieses Arbeiten setzt auch bestimmte rechtliche Bedingungen voraus, die unter dem Kapitel 3.2.3.2 Arbeitszeitmodelle betrachtet werden.[51]

3.2.3.1 Arbeitsplatzgestaltung

Die Arbeitsplatzgestaltung kann unter verschiedenen Gesichtspunkten erfolgen:

- Sicherheitstechnische Arbeitsplatzgestaltung
- Anthropometrische Arbeitsplatzgestaltung (Ergonomie)
- Psychologische Arbeitsplatzgestaltung
- Physiologische Arbeitsplatzgestaltung

In der modernen Arbeitswelt sollen humane Arbeitsplätze geschaffen werden, die eine Wechselwirkung zwischen Mensch und Arbeit berücksichtigen und im Einklang mit der Arbeitsleistung stehen. Der Arbeitgeber profitiert von der Berücksichtigung der positiven Einflüsse auf den Arbeitsplatz. Grundsätzlich können Krankentage minimiert werden, Kreativität und Denkvermögen in gesunder Arbeitsatmosphäre gefördert und die Leistung erhöht werden.

Die Paragraphen 90 und 91 BetrVG regeln die beratende sowie rechtliche Mitbestimmung von Betriebsräten bei der Gestaltung von Arbeitsplatz, Arbeitsablauf und Arbeitsumgebung. Die aus dem Beratungsrecht des § 90 BetrVG resultierenden Informationen ermöglichen dem Betriebsrat sich rechtzeitig einzubringen, z. B. im Anfangsstadium der Planung von Neuheiten und Veränderungen bei Umbauten, technischen Anlagen oder Arbeitsabläufen.

[51] Vgl. Holtbrügge, Personalmanagement

Sicherheitstechnische Arbeitsplatzgestaltung

Um Unfälle am Arbeitsplatz zu vermeiden, existiert eine Vielzahl von Gesetzen und Vorschriften. Das Arbeitsschutzrecht gibt dem Arbeitgeber rechtliche Pflichten auf, die die Gefahren für Arbeitnehmer durch Arbeitssicherheit und den Unfallschutz mindern und beseitigen.

Allgemeine Schutzvorschriften für Arbeitnehmer und Arbeitgeber:

- Allgemeiner Gefahrenschutz
- Allgemeines Gleichbehandlungsgesetz
- Arbeitssicherheitsgesetz
- Arbeitsstättenverordnung
- Arbeitszeitgesetz
- Entgeltfortzahlungsgesetz
- Gewerbeordnung
- Kündigungsschutzgesetz

Spezielle Schutzvorschriften für einzelne Gruppen von Arbeitnehmern:

- Berufsbildungsgesetz
- Heimarbeitsgesetz
- Jugendarbeitsschutzgesetz
- Mutterschutzgesetz
- Schwerbehindertenrecht[52]

Nach § 87 Abs. 1 Ziff. 7 hat der Betriebsrat bei allen Verhaltensvorschriften und Maßnahmen des Arbeitgebers zur Verhütung von Arbeitsunfällen und Berufskrankheiten sowie in Fragen des Gesundheitsschutzes mitzubestimmen. Eine echte Mitbestimmung zeichnet sich dadurch aus, dass der Arbeitgeber ohne die Einigung mit dem Betriebsrat keine Maßnahmen durchführen kann. Kommt es zu keiner Einigung entscheidet die Einigungsstelle, deren Spruch die Einigung ersetzt.

Anthropometrische Arbeitsplatzgestaltung

Mit der Anthropometrie wird eine Anpassung des Arbeitsplatzes an die durchschnittlichen menschlichen Körpermaße und den Bewegungsbereich angestrebt. Die Lehre bezieht sich auch auf die menschengerechte Gestaltung der Arbeitsmittel.

[52] Vgl. Olfert, Personalwirtschaft

Folgende Bereiche werden am Arbeitsplatz berücksichtigt:

- Arbeitsplatzhöhe (stehende bzw. sitzende Tätigkeit)
- Griffbereich (abhängig von Körperhöhe, Arm- Ellenbogenlänge)
- Gesichtsfeld (Sichtbereich bei ruhiger Kopfstellung)

Psychologische Arbeitsplatzgestaltung

Der Arbeitsplatz soll als angenehme Umwelt durch den Mitarbeiter wahrgenommen werden. Die Farbgestaltung, Musik, Pflanzen und die Einrichtung tragen positiv dazu bei. Farben beeinflussen das Temperaturempfinden, können anregend und beruhigend wirken. Warme Farben eignen sich bei leichter körperlicher Arbeit, bei monotonen Tätigkeiten, für große Räume mit wenig Tageslicht und bei niedrigen Temperaturen. Kühle Farben werden bei körperlich schwerer Arbeit, bei Hektik sowie in kleinen Räumen und bei hohen Temperaturen genutzt.

Physiologische Arbeitsplatzgestaltung

Durch die Schaffung günstiger Umwelteinflüsse z.B. von Temperatur, Luftfeuchtigkeit, Heizung, Belüftung, Lärmreduzierung und Tageslichtbeleuchtung können körperliche und geistige Belastungen reduziert werden. Gerade der Sauerstoffgehalt der Luft beeinflusst die Konzentration am Arbeitsplatz und wirkt der Müdigkeit entgegen. In Deutschland gibt es klare Richtwerte für Temperaturen und Lärmstufen am Arbeitsplatz, die in den Arbeitsstättenverordnungen der jeweiligen Branche geregelt sind.[53]

Nicht nur Sicherheits- und Arbeitsschutzbeauftragte sowie Betriebsräte haben die Pflicht zur Überwachung der arbeitsplatzgestalterischen Aufgaben, auch die Berufsgenossenschaft hat ein berechtigtes Interesse, dass Arbeitsunfälle vermieden werden. Das Landesamt für Gesundheit und Arbeitssicherheit unterstützt auch fachlich, wenn Gefahren am Arbeitsplatz auftreten. Daher ist es notwendig regelmäßige Arbeitsplatzanalysen durchzuführen, die die Tätigkeiten systematisch erfassen und bewerten. Auch die Befragung von Mitarbeitern an ihrem Arbeitsplatz sollte in den Arbeitsalltag integriert werden. Das Thema des betrieblichen Gesundheitsmanagement gewinnt bei zunehmender Arbeitsbelastung und Arbeitsverdichtung an Bedeutung.

[53] Vgl. Olfert, Personalwirtschaft

3.2.3.2 Arbeitszeitmodelle

Die Gliederung der Arbeitszeit umfasst die Zeit, in der Mitarbeiter dem Unternehmen ihre Arbeitskraft, im Sinne des Arbeitsvertrages, zur Verfügung stellen. Im Arbeitsvertrag werden die Dauer und die Lage der Arbeitszeit geregelt. In der betriebsüblichen Praxis werden Arbeitszeitkonten geführt, die die Soll- und Ist-Stunden erfassen. Computergesteuerte Warenwirtschaftssysteme geben stundengenau Auskunft über Arbeitszeiten im Unternehmen und ermöglichen eine optimierte Auslastung der Geschäftszeiten bzw. Betriebszeiten.

Das Arbeitszeitgesetz

- regelt den Beginn bis zum Ende der Arbeit ohne Ruhepausen,
- definiert die zulässige werktägliche Arbeitszeit,
- legt die Ruhepausen bei der täglichen Arbeitszeit fest,
- schreibt die Ruhezeit zwischen den täglichen Arbeitszeiten vor,
- regelt Aspekte der Nacht- und Schichtarbeit,
- benennt abweichende Regelungen aus dem Tarifvertrag und
- regelt die Arbeitszeit an Sonn- und Feiertagen.

Je nach Unternehmensbranche werden unterschiedliche Gestaltungsformen der Arbeitszeit berücksichtigt. Zu den traditionellen Formen der Arbeitszeit zählen die Schichtarbeit im zwei oder drei Schichtsystem, die Saisonarbeit, die Kurzarbeit sowie die Sonn- und Feiertagsarbeit. Eine weitere Form im traditionellen Bereich ist die Mehrarbeit, die in den Unternehmen stark genutzte Möglichkeit, die Kapazität vorhandenen Personals zu erhöhen ohne neue Mitarbeiter einzustellen. Theoretisch kann diese Form nur den kurzfristigen Bedarf decken, doch leider wird sie in der Praxis anders genutzt. Mehrarbeit bezeichnet Überstunden, die nur bei Überschreiten der betrieblichen Arbeitszeit geleistet werden können und vom Arbeitgeber angeordnet oder geduldet werden.[54]

Gemäß § 87 Abs.1 Ziff.3 BetrVG hat der Betriebsrat bei der vorübergehenden Verkürzung oder Verlängerung der betrieblichen Arbeitszeit ein Mitbestimmungsrecht, auch in Einzelfällen. Das Mitbestimmungsrecht gilt nicht nur bei angeordneten Überstunden, sondern auch, wenn der Arbeitgeber freiwillige Überstunden der Mitarbeiter duldet. Der Betriebsrat wird klären, ob wirklich betriebliche vorübergehende Notwendigkeiten vorhanden sind. Kommt keine Einigung zwischen Betriebsrat und Arbeitgeber zustande, so entscheidet die Einigungsstelle.

[54] Vgl. Jung, Personalwirtschaft

Immer weniger Arbeitsplätze sind heute an feste Betriebszeiten gebunden, da sich die Arbeitswelt zunehmend von Arbeitsort und Arbeitszeit entkoppelt. Offene Arbeitszeitsysteme berücksichtigen die Auflösung von Grenzen und Zeitverschiebungen und erreichen einen hohen Individualisierungsgrad der Arbeit. Der Betriebsrat hat bei Beginn und Ende der Arbeitszeit sowie bei der Verteilung auf die Wochentage nach § 87 Abs. 1 Ziff. 2 BetrVG mitzubestimmen. Flexible Arbeitszeitmodelle geben auch Mitarbeitern die Möglichkeit, das Berufliche und Private besser zu vereinbaren. In erster Linie geht es jedoch um die Erfüllung der wirtschaftlichen Ziele des Arbeitgebers, wie:

- anpassen an wirtschaftliche Veränderungen,
- erhöhen der Wettbewerbsfähigkeit,
- nutzen der Mitarbeiterproduktivität,
- anpassen an Kundenwünsche und
- nutzen der Eigenverantwortung von Mitarbeitern.

Zu den flexiblen Gestaltungsformen der Arbeitszeit gehören:

- Teilzeitarbeit
- Jahresarbeitszeit
- Kapazitätsorientierte variable Arbeitszeit
- Vertrauensarbeitszeit

Teilzeitarbeit

Der Zeitrahmen der Teilzeitarbeit variiert stunden-, halbtags- oder wochenweise sowie in festen Intervallen. Permanente Arbeitsplatzanalysen prüfen die Arbeitsplätze auf die Eignung von Teilzeitstellen. Das Teilzeit- und Befristungsgesetz, ein junges Gesetz, trat im Dezember 2000 in Kraft und hat das Ziel, Teilzeitarbeit zu fördern und die Zulässigkeit befristeter Arbeitsverträge festzulegen.

In Teilzeit sind Mitarbeiter, deren regelmäßige Wochenarbeitszeit kürzer ist als die eines vergleichbaren vollzeitbeschäftigten Mitarbeiters. Auch geringfügig Beschäftigte sind Mitarbeiter in Teilzeit. Weiterhin haben Mitarbeiter, die länger als sechs Monate im Betrieb sind, einen Anspruch auf Teilzeit. Das Teilzeit- und Befristungsgesetz regelt im § 14 die Zulässigkeit von Befristungen. Diese sind aus sachlichem Grund möglich oder durch eine kalendermäßige Befristung von maximal bis zu zwei Jahren festgeschrieben. Der kalendermäßig befristete Arbeitsvertrag endet mit Ablauf der vereinbarten Zeit, ein zweckbefristeter Arbeitsvertrag mit Erreichen des Zwecks, frühestens jedoch zwei Wochen nach Zugang der schriftlichen Unterrichtung durch den Arbeitgeber.

Jahresarbeitszeit

Dieses Modell legt eine zu erbringende Arbeitszeit für das Kalenderjahr im individuellen Arbeitsvertrag fest. Die Arbeitszeit kann durchaus schwanken, da sie sich an den Interessen des Unternehmens, z.B. saisonale Schwankungen oder des Mitarbeiters orientiert. In Jahresarbeitszeitkonten ist die bereits geleistete Arbeitszeit und die noch zu erbringende Arbeitszeit ersichtlich. In den Konten werden Brutto-und Nettoarbeitszeit unterschieden, die Nettoarbeitszeit ergibt sich abzüglich von Urlaubs- und Feiertagen. Dieses Planungsinstrument bietet eine hohe Flexibilität und Individualisierung der Arbeitszeit im Rahmen der festgeschriebenen Gesetzgebung.

Kapazitätsorientierte variable Arbeitszeit

Dieses Modell wird auch als Arbeit auf Abruf bezeichnet, sowohl die Lage als auch die Dauer der Arbeitszeit werden dem Arbeitsanfall angepasst. Für Arbeitgeber eine Möglichkeit die Personalkosten in Leerzeiten zu minimieren. Das Teilzeit- und Befristungsgesetz regelt auch die Arbeit auf Abruf, auch hier gilt, eine bestimmte Dauer der wöchentlichen und täglichen Arbeitszeit zu vereinbaren. Grundsätzlich ist der Arbeitgeber verpflichtet, dem Mitarbeiter die Lage der Arbeitszeit mindestens vier Tage im Voraus mitzuteilen. Ohne Vereinbarung einer bestimmten Arbeitszeit ist der Mitarbeiter mindestens auf drei aufeinanderfolgende Stunden zu beschäftigen und die wöchentliche Arbeitszeit hat mindestens zehn Stunden zu betragen. Arbeitgeber profitieren durch das Modell, da sich nicht nur die Mitarbeiterzahl im Unternehmen erhöht, sondern auch die Flexibilität.

Vertrauensarbeitszeit

Die Voraussetzung für die Einführung von Vertrauensarbeitszeit ist eine Vertrauenskultur im Unternehmen, die eine hohe Bereitschaft zur Eigenverantwortung verlangt. Dieses Modell verzichtet auf jede Art der Zeiterfassung und räumt den Mitarbeitern einen großen selbst gestalteten Spielraum ein, wann und wo die vereinbarte Arbeitszeit erbracht wird. Grundsätzlich wird bei der Vertrauensarbeitszeit das Leistungsergebnis in den Vordergrund gestellt. Für Arbeitgeber wird der Verwaltungsaufwand der Arbeitszeit geringer, jedoch der Aufwand in Hinsicht der betrieblichen Abstimmungsprozesse größer. Zudem ist eine umfangreiche Kommunikation zwischen Vorgesetzten und Mitarbeitern notwendig, die sich jedoch positiv auf das Betriebsklima auswirkt. [55]

[55] Vgl. Olfert, Personalwirtschaft

3.2.4 Personalentwicklung

Die Personalentwicklung nutzt Maßnahmen, die zur Bildung beitragen, insbesondere das Duale Ausbildungssystem sowie die Förderung der Mitarbeiter durch Qualifizierung, Fort- und Weiterbildung. Personalentwicklung laut Berufsbildungsgesetz

- dient der Erhaltung der beruflichen Handlungsfähigkeit,
- dient zur Anpassung an die beruflichen Notwendigkeiten,
- dient zum Aufstieg in der beruflichen Laufbahn.

In der beruflichen Bildung sollen Fähigkeiten, Fertigkeiten und das soziale Verhalten zur Handlungskompetenz führen. Die Ermittlung von Entwicklungsbedarf und Entwicklungsmethoden im Unternehmen ist schwierig und wird daher in der Praxis sehr unterschiedlich berücksichtigt. Eine globalisierte Welt mit veränderten Märkten und einer enormen Entwicklung der Technik setzt auch eine systematische Weiterentwicklung des Personals voraus. Vor der Herausforderung des lebenslangen Lernens haben Unternehmen und Mitarbeiter im letzten Jahrzehnt das Thema stärker in den Mittelpunkt des beruflichen Alltags gestellt.[56]

Der § 96 BetrVG regelt die Förderung der Berufsbildung und gibt dem Betriebsrat die Möglichkeit, in der Ermittlung des Berufsbildungsbedarfes sowie über ein betriebliches Bildungskonzept, mit dem Arbeitgeber zu beraten. In diesem Zusammenhang sind alle Belange der Anspruchsgruppen im Unternehmen zu berücksichtigen, dazu zählen Teilzeitler, ältere Arbeitnehmer und Arbeitnehmer mit Familienpflichten.

Aus dem § 97 BetrVG ergibt sich für den Arbeitgeber eine Beratungspflicht mit dem Betriebsrat, über Einrichtungen und Maßnahmen der Berufsbildung. Der Betriebsrat kann früh aktiv werden, um Nachteile für die Arbeitnehmer abzuwenden, wenn Veränderungen der Tätigkeiten abzusehen sind. Der Arbeitgeber kann sich im Streitfall nicht entziehen, er muss sich mit den Vorschlägen des Betriebsrates beschäftigen und in Verhandlungen eintreten. Werden sich Betriebsrat und Arbeitgeber nicht einig, entscheidet die Einigungsstelle.

Im § 98 BetrVG besteht ein Mitbestimmungsrecht zur Durchführung der Bildungsmaßnahmen im Unternehmen.

---

[56] Vgl. Jung, Personalwirtschaft

Diese beziehen sich auf Inhalt und Umfang des Lernstoffs, Dauer der Maßnahme, angewendete Methoden in der Wissensvermittlung sowie der Einsatz von Computerprogrammen zur Lernunterstützung. Nach § 98 Abs.3 BetrVG kann der Betriebsrat Vorschläge zur Teilnahme von Arbeitnehmern oder Gruppen von Arbeitnehmern des Betriebs machen. Diese Vorschläge sind nicht unverbindlich. Bei einer Nichteinigung entscheidet die Einigungsstelle. Grundsätzlich sollten alle Arbeitnehmer des Betriebs von Fort- und Weiterbildungsmaßnahmen profitieren und nicht nur ein ausgesuchter Personenkreis.

3.2.4.1 Aufgaben und Ziele der Personalentwicklung

Die Personalentwicklung ist darauf ausgerichtet Mitarbeiter mit Qualifikationen, zur Bewältigung gegenwärtiger und zukünftiger Anforderungen, auszustatten und zielt auf eine Steigerung der Leistung ab. Berufliche Fort- und Weiterbildung wird strategisch, taktisch und operativ geplant, realisiert und evaluiert.

- Strategisch: Benennen der Entwicklungsziele bis zu 5 Jahren sowie die Formulierung einer Bildungspolitik, z.B. Ausbildung, Duales Studium.
- Taktisch: Konkretisierung des Bildungskonzeptes im Zeitraum von 2 bis 3 Jahren. Festschreiben des zeitlichen Rahmens, z.B. Führungskräfteschulung, Fachausbildung.
- Operativ: Eine detaillierte Jahresplanung dokumentiert Schulungsmaßnahmen und -konzepte. Es werden Lernziele und Lehrmethoden sowie Teilnahmeberechtigungen definiert.

Eine erfolgreiche Personalentwicklung gelingt auf der Grundlage von Transparenz und Akzeptanz. Unternehmen und Mitarbeiter profitieren beiderseits und es ergeben sich folgende Zielformulierungen:

Für das Unternehmen:
- Die Leistungsbereitschaft der Mitarbeiter zu steigern.
- Die Wettbewerbsfähigkeit zu erhöhen.
- Die Eigenverantwortlichkeit der Mitarbeiter zu fördern, um eine bessere Problemlösungskompetenz zu erreichen.
- Eine stärkere Mitarbeiterbindung zu ermöglichen.
- Die zunehmenden Anforderungen in der Unternehmung zu realisieren, durch die Veränderungsbereitschaft der Mitarbeiter.

Für die Mitarbeiter:

- Bessere Qualifikationen sichern den Arbeitsplatz.
- Entwicklungsmöglichkeiten über Status, Image, Wertschätzung, Aufstieg oder ein höheres Einkommen.
- Die eigene Mobilität am Arbeitsmarkt zu verbessern.
- Eigene berufliche Ziele anzustreben und umzusetzen.
- Die eigene Leistung zu verbessern.

Im Zusammenhang mit der Personalentwicklung werden die individuellen Kompetenzen am Arbeitsplatz benannt, die es zu entdecken und zu fördern gilt. Doch sind nicht alle Kompetenzen gleichermaßen messbar und der Versuch sie zu vergleichen, ist mit einem hohen Aufwand verbunden. Im Personalmanagement werden Kompetenzmodelle entworfen, die die Potenziale und Talente der Mitarbeiter in den Vordergrund stellen.

Unterschiedliche Anforderungen werden den Arbeitsplätzen zugeschrieben, es werden Kriterien formuliert und gewichtet, doch objektive Aussagen wird es nicht geben. Jedes noch so gut gemeinte Instrument der Personalwirtschaft wird mit Unsicherheiten verbunden sein, vor dem Hintergrund, nur Prognosen für den zukünftigen Personalbedarf zu benennen. Folgende Kompetenzarten sind zu unterscheiden:[57]

Die Fachkompetenz beinhaltet die beruflichen Fähigkeiten und Fertigkeiten sowie berufsübergreifende Kenntnisse, die sich meist durch Berufserfahrung entwickeln. Je nach Berufsbild zählen hierzu Fachwissen im Aufgabengebiet, IT-Kenntnisse, Fremdsprachenkenntnisse, wirtschaftliches und soziales Allgemeinwissen.

In der Methodenkompetenz geht es um das Erlernen von Techniken und Theorien, die in den Bereichen der Planung, Entscheidung und Organisation genutzt werden. Es handelt sich hierbei um Hilfsmittel, die eine systematische Vorgehensweise beschreiben und ermöglichen, schneller und strukturierter an Situationen und Probleme heran zu gehen. Allein im Bereich der Kreativitätstechniken können 60 Techniken unterschieden werden, die je nach Branche und Aufgabe eingesetzt werden. Brainstrorming und Mind Mapping sind die am häufigsten angewendeten Methoden. Weiterhin werden Projektmethoden sowie Arbeits- und Lernstrategien in diesem Kompetenzfeld geschult.

[57] Vgl. Lebrenz, Strategie und Personalmanagement

Die Sozial- und Individualkompetenzen gewinnen durch zunehmende Team- und Projektarbeit an Bedeutung. Eine erfolgreiche Zusammenarbeit in Abteilungen und Teams erfolgt durch Toleranz, Kontakt- und Kritikfähigkeit und durch erfolgreiche Kommunikation. Auch hier setzt Personalentwicklung an und fördert Verantwortungsbewusstsein und Rücksichtnahme durch teambildende Maßnahmen, die das Gemeinschaftsgefühl stärken. Voraussetzung ist eine wertschätzende Unternehmenskultur, die nicht auf Konkurrenz aufgebaut ist.

In der Individualkompetenz spiegeln sich Merkmale der Leistungs- und Denkfähigkeit, der Selbständigkeit und Belastbarkeit wider. Die Persönlichkeitsmerkmale werden in den frühen Kindheitsjahren angelegt und sind kaum veränderbar. Da auch Teams von einer heterogenen Zusammensetzung profitieren, ist es ein hohes Gut, Menschen mit unterschiedlichen Persönlichkeiten und Stärken zu integrieren.

Ein wesentlicher Teil der Personalentwicklung befasst sich mit der Auswahl der Mitarbeiter, die als Potenzialkandidaten zu Verfügung stehen. Im Wesentlichen sollen folgende Fragen beantwortet werden:

Entwicklungsrichtung: Wohin soll der Mitarbeiter entwickelt werden?
Entwicklungshorizont: Wie weit kann der Mitarbeiter entwickelt werden?
Fachpotenzial: Welche Fähigkeiten sollen entwickelt werden?
Lernbereitschaft: Kann der Mitarbeiter die Anforderungen erfüllen?
Leistungsbereitschaft: Will der Mitarbeiter entwickelt werden?

Weiterhin spielen die zeitlich und finanziell zur Verfügung stehenden Ressourcen eine Rolle, die in der Regel begrenzt sind. Daher wird eine Auswahl der Mitarbeiter erfolgen und eine Differenzierung nach Methoden, die die Qualifizierung am Arbeitsplatz, außerhalb des Arbeitsplatzes oder berufsbegleitend ermöglichen.

3.2.4.2 Methoden der Personalentwicklung

Vielfältige Arbeitsplätze und Tätigkeiten fordern unterschiedliche Methoden der Personalentwicklung, wie aktiv bzw. passiv wird die Beteiligung des Mitarbeiters erfolgen und wird es sich um Einzel- oder Gruppenbildung handeln oder werden die Maßnahmen intern oder extern durchgeführt. Für jede Methode sind Vor- und Nachteile zu benennen, gerade in Bezug auf Zeit und Kosten.[58]

---

[58] Vgl. Jung, Personalwirtschaft

Methode into the job
Im Rahmen dieser Methode werden Berufsausbildung, Umschulung und Trainee-Programme den Erwerb von beruflichen Fähigkeiten und Fertigkeiten ermöglichen. Die Berufsausbildung ist eine der wichtigsten Methoden, um den Fachkräftebedarf im Unternehmen langfristig zu sichern. Im BBiG werden der praktische und theoretische Teil der Ausbildung durch eine Ausbildungsordnung und den Ausbilderrahmenplan strukturiert und festgeschrieben. Die Umschulung ermöglicht Personen über 27 Jahren oder mit einer Erstausbildung einen staatlich anerkannten Berufsabschluss innerhalb von zwei Jahren zu erlangen.

Trainee-Programme werden vorwiegend an junge Akademiker vergeben, um ihnen den Berufseinstieg zu erleichtern und abteilungsübergreifende Kenntnisse im Unternehmen zu vermitteln. Diese Programme werden heute weniger genutzt, da die Personalentwicklung vermehrt Duale Studiengänge in großen Unternehmen fördert.

Methode on the job:
Sie findet am Arbeitsplatz während der täglichen Arbeitszeit statt, die durch eine planmäßige Unterweisung, durch Anleitung des Vorgesetzten oder durch die Übertragung von zusätzlichen Aufgaben erfolgen kann. Es ist durchaus möglich, dass Mitarbeiter die Zuweisung weiterer Arbeitsinhalte nicht als Personalentwicklung empfinden, daher wäre es ratsam dies ausdrücklich von Arbeitgeberseite zu benennen. Hierbei handelt es sich um ein kostengünstiges Instrument.

Auch Mentoring fällt in diesen Bereich. Langjährige Mitarbeiter mit beruflichen Erfahrungen stehen jüngeren Mitarbeitern mit ihrem Wissen beratend zur Seite. Es handelt sich um eine sogenannte Patenschaft auf freiwilliger Basis zwischen Mentor und Mentee (Berater/ Förderer und Nachwuchsführungskraft bzw. neuer Mitarbeiter). Das Beratungsverhältnis hat das Ziel, berufliche und persönliche Entwicklungen des neuen bzw. jüngeren Mitarbeiters zu fördern. Der Mentee profitiert von dem Erfahrungsschatz des Mentors und der Mentor reflektiert seinen eigenen Arbeitsstil und profitiert von der Rolle eines Vorbildes.

Bei der Job rotation findet ein Wechsel des Arbeitsplatzes in regelmäßigen Intervallen statt. Diese Methode möchte Monotonie unterbrechen und Mitarbeitern die Möglichkeit geben, Einblicke in verschiedene Abteilungen zu erhalten und den eigenen Aufgabenbereich zu erweitern. Mitarbeiter entwickeln somit eine Akzeptanz für andere Arbeitsplätze und können sich ggf. besser im Urlaub vertreten.

Methode off the job:
Die Qualifizierung der Mitarbeiter findet außerhalb des Arbeitsplatzes statt, jedoch auch während der Arbeitszeit. Meist geht es um die Vermittlung von theoretischen Wissen und um das Trainieren von Verhalten. In Seminaren und Schulungen, auf Kongressen in Workshops oder bei externen Anbietern werden Mitarbeiter durch Gruppendiskussion, Rollenspiele oder Präsentationen entwickelt und gefördert.

Dadurch entstehen höhere Kosten durch An- und Abfahrt, Übernachtung, Tagungspauschalen und Honorare der Referenten. Der Vorteil für den Mitarbeiter liegt in der vollen Aufmerksamkeit, die durch den externen Standort gegeben ist und einer positiven Wertschätzung, die mit der Maßnahme verbunden ist.[59]

Methode near the job
Im Vordergrund dieser Methode stehen zeitlich befristete Aufgaben die in Teams bearbeitet werden, sie werden auch als Lernstatt oder Qualitätszirkel bezeichnet. Hierbei stehen Themen der abteilungsübergreifenden Kommunikation oder die Steigerung von Verantwortung im Vordergrund. Es wird die eigenständige Erarbeitung und Umsetzung von Verbessrungsvorschlägen an Arbeitsplätzen angestrebt.

Ein Beispiel aus Handelsunternehmen: Auszubildende des dritten Lehrjahres leiten als Team selbständig eine Filiale des Unternehmens. Sie bearbeiten und organisieren alle Aufgaben von der Warenbestellung, über den Wareneigang, die Warenpflege und -kontrolle, den Verkauf und die Personaleinsatzplanung. Diese Methode schult analytische und soziale Fähigkeiten.

Methode along the job
Diese Methode wird für die zukünftige Nachwuchsbildung im Unternehmen genutzt, es betrifft die freien bzw. frei werdenden Stellen im Bereich Assistent, Stellvertreter oder Nachfolger. Berufsbegleitend finden Qualifizierungen am oder außerhalb des Arbeitsplatzes statt, die dem Mitarbeiter langfristig mehr Status, Image und ein höheres Entgelt ermöglichen. Jedoch haben die Positionen auch mit der Pflicht und Übernahme von verantwortungsvollen Aufgaben in einer höheren Hierarchieebene zu tun. Mitarbeiter erhalten somit Einblicke in neue Unternehmensbereiche und Strategien und werden in Seminaren oder Schulungen im Führungsverhalten und in der Rhetorik qualifiziert.[60]

[59] Vgl. Jung, Personalwirtschaft
[60] Vgl. Holtbrügge, Personalmanagement

3.2.5 Personalfreistellung

Die Personalfreistellung erfolgt auf der Grundlage von personellen Überkapazitäten, die zeitlicher, örtlicher, quantitativer oder qualitativer Art sein können. Verschiedene Gründe werden als Ursache für die interne und externe Freistellung benannt:

- Marktbezogene Gründe, wie eine schlechte Konjunktur, Veränderungen von Trends oder saisonale Schwankungen führen zu dem Verlust von Aufträgen.
- Unternehmensbezogene Gründe, meist als Folge von Mechanisierung, Automatisierung und einer zunehmenden Digitalisierung.
- Mitarbeiterbezogene Gründe können sich durch Leistungsminderung oder Fehlverhalten mit Vorsatz darstellen.

Die externe Personalfreistellung unter dem Begriff der Kündigung bekannt sollte stets das letzte Mittel sein, das dem Unternehmen / Arbeitgeber zur Verfügung steht. Daher werden im nächsten Absatz unterschiedliche Möglichkeiten betrachtet, um durch eine interne Personalfreistellung den Arbeitsplatzverlust für Mitarbeiter zu vermeiden.

Grundsätzlich ist der Betriebsrat nach § 102 BetrVG vor jeder Kündigung unter Angabe der Gründe zu hören. Jedoch handelt es sich um eine eingeschränkte Mitbestimmung, die dem Betriebsrat die Möglichkeit gibt, der Kündigung zu widersprechen oder Bedenken zu äußern.

3.2.5.1 Interne Personalfreistellung

Die interne Personalfreistellung vermeidet den Personalabbau, indem alle Möglichkeiten einer zeitlichen, örtlichen oder qualitativen Anpassung genutzt wurden. Der Arbeitgeber hat arbeitserhaltende Maßnahmen zu prüfen und rechtlich zulässige Alternativen zu bedenken.

Zeitliche Anpassung
Bei der zeitlichen Anpassung werden Maßnahmen der vorübergehenden und der länger zeitlichen Anpassung unterschieden. Die vorübergehende Anpassung kann durch den Abbau von Überstunden erfolgen. Quantitativ stellt es kein Problem dar, es muss allerdings gewährleistet sein, dass die Mitarbeiter die Aufgaben qualitativ bewältigen können.[61]

[61] Vgl. Olfert, Personalwirtschaft

Eine weitere Möglichkeit ist die Gestaltung des Urlaubs, eine Anpassung erfolgt durch Lage und Dauer, die dem Arbeitsvolumen des Unternehmens entspricht. Hier kann eine Vereinbarung individualrechtlich erfolgen oder durch eine kollektive Urlaubsgestaltung, die auf der Grundlage von Betriebsferien beruht.

Die dritte Variante ist die Einführung von Kurzarbeit, die in Deutschland für eine Zeit von 6 bis zu 24 Monaten möglich ist. Die Herabsetzung der betriebsüblichen Arbeitszeit erfolgt im gesamten Unternehmen und muss der Agentur für Arbeit angezeigt werden. Die Voraussetzung ist, dass ein erheblicher Arbeitsausfall vorliegt, der auf wirtschaftlichen oder vorübergehenden nicht vermeidbaren Gründen basiert oder bei einem Drittel der Arbeitnehmer zu Entgelteinbußen von mehr als zehn Prozent des monatlichen Bruttoentgelts führt. Das Kurzarbeitergeld wird aus Mitteln der Arbeitslosenversicherung gezahlt und beträgt je nach persönlicher Situation 60% oder 67 % des Nettoarbeitsentgelts.

In allen Varianten der vorübergehenden zeitlichen Anpassung ist der Betriebsrat nach § 87 BetrVG in der Mitbestimmung. Der Arbeitgeber kann die geplanten Maßnahmen nur dann durchführen, wenn der Betriebsrat zuvor seine Zustimmung erteilt hat. Meist geschieht dies auf der Grundlage einer Betriebsvereinbarung, die nach § 87 BetrVG erzwingbar ist.

Eine längere zeitliche Anpassung ist über die Schaffung von Teilzeitstellen oder durch allgemeine Arbeitszeitverkürzung möglich. Die Umwandlung einer Vollzeitstelle in eine Teilzeitstelle ist grundsätzlich nicht einseitig über den Arbeitgeber möglich. Sollten Arbeitnehmer und Arbeitgeber sich nicht einigen, kann eine Umwandlung durch den Arbeitgeber in Form einer Änderungskündigung erfolgen, die jedoch dringende betriebliche Gründe voraussetzt. Bei einer Einigung auf individualrechtlicher Basis ist der Betriebsrat nicht involviert, sollte es jedoch zu einer einseitigen Änderungskündigung kommen, kann er nach §102 BetrVG einen Widerspruch formulieren.

Die allgemeine Arbeitszeitverkürzung stellt eine zeitliche Anpassung auf der Grundlage von Tarifverträgen dar, die sich auf die jährliche, wöchentliche oder tägliche Arbeitszeit beziehen kann. Bei dieser Anpassung erfolgt auch eine Reduzierung des Entgelts. Hier liegt für den Betriebsrat ein Mitbestimmungsrecht nach § 87 Abs.1 Ziff.2 BetrVG vor.[62]

[62] Vgl. Olfert, Personalwirtschaft

Örtliche Anpassung
Um Mitarbeiter im Unternehmen weiter zu beschäftigen, ist es möglich sie aus einem Bereich mit Überkapazität, in einen Bereich mit Personalbedarf zu versetzen. Die Versetzung wird in der Praxis stark genutzt, setzt jedoch die benötigte Qualifikation voraus. Je nach gegebenen Rahmenbedingungen wird der Mitarbeiter zufrieden oder unzufrieden sein. Eine Versetzung kann ein anderer Arbeitsort im räumlichen Sinne von Regionen bedeuten, jedoch auch die Zuweisung eines anderen Arbeitsbereiches zu anderen Konditionen oder Arbeitsbedingungen am gleichen Standort. Die Veränderung der Qualifikation kann unter Umständen nötig sein, da am neuen Arbeitsplatz andere Fähigkeiten oder Fertigkeiten verlangt werden. Daher muss in jedem Einzelfall eine Prüfung erfolgen. Unabhängig davon hat der Betriebsrat bei Versetzungen ein Zustimmungsverweigerungsrecht nach § 99 BetrVG.

Qualitative Anpassung
Die Personalentwicklung durch Fortbildungs- bzw. Umschulungsmaßnahmen dient auch der qualitativen Anpassung an einen Arbeitsplatz, um eine externe Personalfreistellung zu vermeiden. Voraussetzung ist, dass der Arbeitgeber permanent seinen zukünftigen Personalbedarf erkennt und rechtzeitig den Mitarbeitern das aktuelle Wissen vermittelt. Auch die Agentur für Arbeit unterstützt mit finanziellen Mitteln (§§ 77 ff.SGB III) nach Prüfung der Zumutbarkeit. Auch der Betriebsrat hat bei der Durchführung von Fortbildungsmaßnahmen nach § 98 BetrVG mitzubestimmen.[63]

Eine weitere Möglichkeit bieten Beschäftigungsgesellschaften, die rechtlich selbständig agieren und den Mitarbeitern die Möglichkeit geben, die angekündigte Entlassung hinauszuzögern. Der Mitarbeiter hat durch die Beschäftigungsgesellschaft noch für einige Monate die Sicherung seines materiellen Lebensunterhaltes. Darüber hinaus werden die Mitarbeiter beruflich weitergebildet, erhalten Bewerbungstraining, EDV Kenntnisse oder Fremdsprachenkenntnisse, um relativ kurzfristig einen neuen Arbeitsplatz zu finden. Die Unternehmen im Bereich der Finanzdienstleistungen gehen diesen Weg in den letzten Jahrzehnten in Deutschland sehr erfolgreich. Sie erleiden so keinen Imageverlust, da die ehemaligen Mitarbeiter über Weiterbildungen und Abfindungsregelungen keinen allzu großen Groll gegen ihre ehemaligen Arbeitgeber hegen.

[63] Vgl. Olfert, Personalwirtschaft

3.2.5.2 Externe Personalfreistellung

Eine Kündigung ist eine einseitige Willensentscheidung und muss eindeutig die Absicht enthalten, dass das Arbeitsverhältnis in der Zukunft aufgelöst werden soll. Seit dem Jahr 2000 bedarf die Kündigung der Schriftform nach § 623 BGB. Die Kündigung stellt das letzte Mittel dar, um Einzel- und Massenentlassungen vorzunehmen, da betroffene Mitarbeiter wirtschaftliche, soziale sowie menschliche Nachteile erleiden. Im Arbeitsrecht gibt es eine Vielzahl von gesetzlichen Vorschriften zu beachten, die auf Grund der Kündigungsarten variieren.

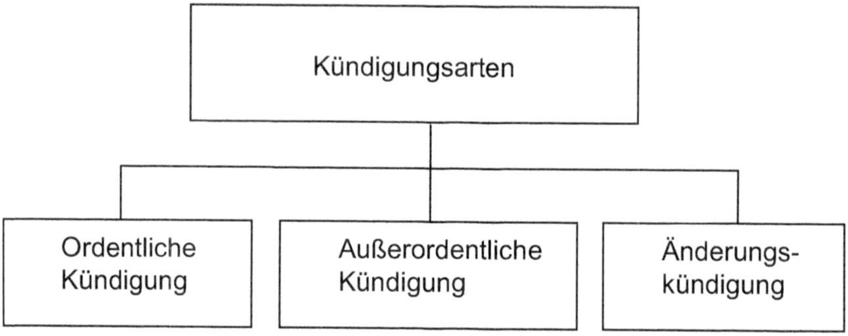

Abb. Vgl. Jung, Personalwirtschaft

Ordentliche Kündigung
Der § 622 BGB regelt die gesetzlichen Kündigungsfristen für Arbeitnehmer und Arbeitgeber. Das Arbeitsverhältnis endet nicht sofort, sondern erst nach Ablauf einer Kündigungsfrist. Im § 622 Abs. 1 BGB sieht der Gesetzgeber für Arbeitnehmer eine Kündigungsfrist von vier Wochen zum Fünfzehnten oder zum Ende eines Kalendermonats vor. Bei einer Kündigung durch den Arbeitgeber verlängert sich die gesetzliche Kündigungsfrist durch die Dauer der Betriebszugehörigkeit. Eine Staffelung der Kündigungsfristen bestimmt der § 622 Abs. 2 BGB.

Abweichend von der obigen Ausführung gilt während einer Probezeit, die bis zu sechs Monaten möglich ist, eine Kündigungsfrist von zwei Wochen für beide Vertragsparteien. Dies regelt der § 622 Abs.3 BGB.

Nach § 187 Abs. 1 BGB beginnt die Kündigungsfrist erst mit dem Tag nach der Zugang.

Kündigungsschutz
Das Kündigungsschutzgesetz definiert zwei Bedingungen die ein Arbeitnehmer erfüllen muss, um Kündigungsschutzklage einreichen zu können:

- Das Arbeitsverhältnis hat ohne Unterbrechung länger als sechs Monate bestanden.
- Der Arbeitgeber hat in seinem Unternehmen regelmäßig mehr als zehn in Vollzeit beschäftigte Arbeitnehmer. Teilzeitbeschäftigte werden anteilig berechnet. Diese Regelung gilt seit dem Jahr 2004. Für Arbeitnehmer, die vor dem Jahr 2003 ihren Arbeitsvertrag unterschrieben haben, gilt die Regelung mit einer Arbeitnehmerzahl von regelmäßig mehr als fünf Beschäftigten.

Die Kündigungsschutzklage muss der Arbeitnehmer innerhalb von drei Wochen nach Zugang der Kündigung beim Arbeitsgericht individualrechtlich erheben.

Einen besonderen Kündigungsschutz haben schutzbedürftige Arbeitnehmergruppen, wie Mitglieder des Betriebsrates, Schwerbehinderte sowie Personen im Erziehungsurlaub.[64]

Unabhängig von den Kündigungsarten werden Kündigungsgründe bestimmten Kategorien zugeordnet. Die Kündigungsgründe werden auch im Rechtsstreit zwischen Arbeitgeber und Arbeitnehmer einer genauen Bewertung unterzogen, ob eine Kündigung wirksam oder unwirksam ist.

Betriebsbedingte Kündigungen
Sie resultieren auf Grundlage von wirtschaftlichen Problemen und führen zum Abbau einzelner oder vieler Arbeitsplätze. Hierbei handelt es sich allein um unternehmerische Entscheidungen, die durch Arbeitsplatzverlagerungen, Standortschließungen oder Fusionen sowie Abspaltungen von Unternehmensteilen erfolgen können. Da der Arbeitsplatz auf Dauer wegfallen wird, regelt der § 1a KSchG den Abfindungsanspruch bei betriebsbedingter Kündigung in der Höhe von mindestens 0,5 Monatsverdiensten für jedes Jahr des Bestehens des Arbeitsverhältnisses.

[64] Vgl. Jung, Personalwirtschaft

Der Gesetzgeber regelt im § 17 Abs.1 KSchG die Anzeigepflicht der Arbeitgeber bei Massenentlassungen gegenüber der Agentur für Arbeit. Die Anzahl der regelmäßig Beschäftigten wird in das Verhältnis zu den gekündigten Arbeitnehmern gesetzt. Das Ergebnis wird innerhalb eines Zeitraumes von 30 Tagen betrachtet und bestimmt dann, ob es sich um Massenentlassungen handelt, die einem besonderen Kündigungsschutz unterliegen. Bei Massenentlassungen muss eine Sozialauswahl der Mitarbeiter erfolgen, die folgende Indikatoren berücksichtigt:

- Dauer der Betriebszugehörigkeit,
- Lebensalter,
- Unterhaltsverpflichtungen,
- Schwerbehinderung des Arbeitnehmers.

Nach § 17 Abs. 2 Satz 1 KSchG ist der Arbeitgeber verpflichtet dem Betriebsrat rechtzeitig Auskünfte zu erteilen und ihn schriftlich zu folgenden Schritten zu unterrichten:

- zu den Gründen der geplanten Entlassungen,
- der Zahl der zu entlassenden Arbeitnehmer,
- der Zahl der i.d.R. beschäftigten Arbeitnehmer,
- den Zeitraum in dem die Entlassungen vorgenommen werden,
- den Kriterien für die Auswahl der zu entlassenden Arbeitnehmer
- den Berechnungen etwaiger Abfindungen.

Personenbedingte Kündigung

In der Praxis kommt diese Form der Kündigung eher selten vor, da Arbeitnehmer ihre Leistung nicht mehr erbringen können. Oft besteht eine Leistungsminderung in der Tätigkeit, weil der Arbeitnehmer erkrankt und unter der Beeinträchtigung seiner Gesundheit leidet. Krankheitsbedingte Fehlzeiten allein stellen keinen Kündigungsgrund dar. Der Arbeitnehmer will seine Leistung erbringen, demzufolge liegt kein schuldhaftes Verhalten vor.

Das BAG sieht eine sorgfältige Abwägung der arbeitnehmerseitigen und der betrieblichen Interessen vor. Zur sozialen Rechtfertigung einer Kündigung ist es erforderlich, dass eine negative Gesundheitsprognose auch für die Zukunft erstellt wird. Desweiteren, wenn hohe Fehlzeiten des Arbeitnehmers zu erheblichen Beeinträchtigungen im Unternehmen führen, die den Arbeitsablauf wesentlich stören. Hier wird es von der Unternehmensgröße abhängig sein, wie ein Arbeitgeber agieren kann.[65]

---

[65] Vgl. Olfert, Personalwirtschaft

Verhaltensbedingte Kündigung
Diese Form der Kündigung wird genutzt, wenn sich das Verhalten von Arbeitnehmern bewusst gegen den Arbeitgeber, gegen arbeitsvertragliche Pflichten oder gegen seine Arbeitskollegen richtet. Es gibt Unterscheidungen in der Schwere der Pflichtverletzungen, bei denen zu entscheiden ist, ob der Arbeitnehmer vor seiner verhaltenbedingetne Kündigung abgemahnt werden muss. Folgende Gründe können zu einer verhaltensbedingten Kündigung führen:

- Arbeitsverweigerung
- Unentschuldigtes Fehlen
- Eigenmächtige Urlaubsnahme
- Unpünktlichkeit
- Tätlichkeiten
- Unterschlagungen
- Gering- und Schlechtleistung
- Verstöße gegen Treuepflichten
- Verstöße gegen die betriebliche Ordnung

Störungen im Leistungsbereich, die die Verletzungen vertraglicher Pflichten beinhalten, werden nur mit einer vorherigen, einschlägigen Abmahnung zur Kündigung führen, wie bei Schlechtleistung. In besonders schweren Fällen, wie der Störung im Vertrauensbereich und bei erkennbar fehlendem Willen des Arbeitnehmers zu vertragstreuem Verhalten, ist eine Abmahnung entbehrlich und eine sofortige verhaltensbedingte Kündigung möglich, wie bei Diebstahl, Körperverletzung oder schwerer Beleidigung.

Eine Abmahnung erfolgt in Schriftform und enthält folgende Funktionen:

- Die Dokumentationsfunktion als Beweismittel.
- Die Hinweisfunktion auf die arbeitsrechtliche Vertragsverletzung.
- Die Warnfunktion mit konkreter Sanktion.[66]

Sie soll das Verhalten des Arbeitnehmers korrigieren und wird in der Personalakte hinterlegt. Der Arbeitnehmer hat Anspruch auf die Entfernung der Abmahnung, jedoch gibt es keine zeitliche Bemessung, es wird im Einzelfall nach Inhalt entschieden.

[66] Vgl. Opfert, Personalwirtschaft

Außerordentliche Kündigung
Für eine außerordentliche Kündigung muss nach § 626 BGB ein wichtiger Grund vorliegen, der eine fristgerechte Kündigung als unzumutbar erscheinen lässt. Der wichtige Grund bzw. die Tatsache auf der die Kündigung beruht, kann nur innerhalb von zwei Wochen zur außerordentlichen Kündigung führen. Eine außerordentliche (fristlose) Kündigung kommt nur in Betracht, nach Abwägung aller anderen Möglichkeiten, wie der Versetzung, der Änderungskündigung oder der ordentlichen Kündigung. Das Arbeitsverhältnis endet mit sofortiger Wirkung zum Zeitpunkt des Zuganges der Willenserklärung. Oftmals geht einer außerordentlichen Kündigung eine Abmahnung voraus.

Änderungskündigung
Sie ermöglicht dem Arbeitgeber einseitig einzelne Arbeitsbedingungen zu verändern, die im Arbeitsvertrag schriftlich festgelegt wurden. Sollte der Arbeitnehmer die Änderungen nicht annehmen, so endet der Arbeitsvertrag. Der Arbeitsvertrag endet immer mit den gesetzlichen Fristen. Auch Änderungskündigungen unterliegen dem Kündigungsschutzgesetz und geben dem Arbeitnehmer die Möglichkeit eine Kündigungsschutzklage nach § 2 KSchG einzureichen.

Aufhebungsvertrag
Er regelt eine einvernehmliche Auflösung des Arbeitsverhältnisses zu einem bestimmten Zeitpunkt in der Zukunft. Der Aufhebungsvertrag bedarf der Schriftform nach § 623 BGB, ist jedoch in den Inhalten frei zu gestalten. Das Interesse, das Arbeitsverhältnis zu beenden, kommt meist von Arbeitgeberseite und enthält häufig das Angebot einer Abfindung. Diese Form der Beendigung wird genutzt, um gerichtliche Auseinandersetzungen zu vermeiden oder um gezielt bestimmte Arbeitnehmergruppen abzubauen. Folgende Inhalte werden vielfach in Aufhebungsverträgen geregelt:

- Beendigungszeitpunkt
- Beendigungsgrund
- Freistellung / Urlaubsanspruch
- Wettbewerbsverbot
- Abfindungshöhe

Der Betriebsrat ist bei diesem Vorgang nicht zu beteiligen, sollte jedoch die Arbeitnehmer aufklären, wenn Aufhebungsverträge häufiger Anwendung finden.[67]

---

[67] Vgl. Olfert, Personalwirtschaft

Beteiligung von Betriebsräten

Bei jeder Kündigung ist der Betriebsrat zu beteiligen. Das Betriebsverfassungsgesetz regelt im § 102 BetrVG, dass der Betriebsrat vor jeder Kündigung zu hören ist. Der Arbeitgeber hat dem Betriebsrat die Gründe für die Kündigung mitzuteilen. Es handelt sich hierbei um kein Mitbestimmungsrecht, sondern um ein Anhörungs- bzw. Widerspruchsrecht.

Hat der Betriebsrat gegen eine ordentlichen Kündigung Bedenken, so hat er diese unter Angabe der Gründe dem Arbeitgeber binnen einer Woche schriftlich mitzuteilen. Bei einer außerordentlichen Kündigung muss er seine Bedenken unverzüglich, spätestens jedoch innerhalb von drei Tagen schriftlich äußern. Der Betriebsrat sollte vor seiner Stellungnahme den betroffenen Arbeitnehmer hören. Unter Umständen ist der Betriebsrat der Überbringer der schlechten Nachricht, da der Arbeitnehmer bisher keine Ahnung von der Kündigungsabsicht des Arbeitgebers hatte.

Der § 102 Abs. 3 BetrVG gibt fünf Gründe vor, mit denen ein Betriebsrat einer ordentlichen Kündigung widersprechen kann. Auch hier muss er innerhalb einer Woche seinen Beschluss fassen und den Widerspruch dem Arbeitgeber schriftlich aushändigen. Der Widerspruch soll sehr detailliert und ausführlich beschreiben, welche Alternativen im Unternehmen für die Weiterbeschäftigung des Arbeitnehmers sprechen. Der Richter erhält auf diesem Weg Einblicke in das Unternehmen, die er sonst nicht bekäme. Der Arbeitgeber ist verpflichtet den Widerspruch in Kopie dem zu kündigenden Arbeitnehmer auszuhändigen. Lässt der Betriebsrat die Frist verstreichen, stimmt er somit indirekt der Kündigung zu.

Der Widerspruch des Betriebsrats hindert den Arbeitgeber keineswegs, eine Kündigung auszusprechen. Unabhängig davon, ob der Betriebsrat einen Widerspruch oder Bedenken formuliert, muss der Arbeitnehmer individualrechtlich eine Kündigungsschutzklage einreichen, selbst wenn der Arbeitgeber gegen Formalien aus dem Betriebsverfassungsrecht verstoßen hat.[68]

---

[68] Vgl. Scheriau, Personelle Angelegenheiten

4 Finanzwirtschaft

Die Grundlage der Finanzierung liegt für Unternehmen in der Beschaffung, Verwaltung und der Verwendung finanzieller Mittel. Daher ist ein wesentlicher Prozess, die Ermittlung des benötigten Kapitals und die damit verbundene Frage - wie das Kapital beschafft werden kann. Finanzielle Mittel sind Bargeld, Bankguthaben und Wertpapiere, die Zusammensetzung des auf der Passivseite der Bilanz ausgewiesenen Kapitals. Alle im Unternehmen ablaufenden güterwirtschaftlichen Prozesse unterliegen dem Vorbehalt der Zahlungsfähigkeit, die permanent gewährleistet sein muss.

4.1 Begriffe und Einordnung der Finanzierungsformen

In der Betriebswirtschaftslehre wird der Begriff des Kapitals für die zur Verfügung stehenden Mittel verwendet, die sich nach Eigenkapital und Fremdkapital unterscheiden lassen. Das Eigenkapital steht dem Unternehmen dauerhaft zur Verfügung und wird durch den Eigentümer in das Unternehmen eingezahlt oder durch das Unternehmen erarbeitet. Im Gegenzug dazu erhält der Eigenkapitalgeber Gewinnanteile. Auch Aktionäre stellen Eigenkapitalgeber dar.

Das Fremdkapital wird dem Unternehmen durch Gläubiger geliehen bzw. zur Verfügung gestellt, z.B. durch Banken. Fremdkapital hat oft nur eine begrenzte Frist der Mittelüberlassung, kurzfristig bis zu einem Jahr, mittelfristig bis zu zwei Jahren und langfristig bis zu drei Jahren, bis eine Rückzahlung erfolgen muss. Zum Fremdkapital gehören auch Hypotheken, Kredite und offene Rechnungen, die auch in der Bilanz unter dem Begriff der Verbindlichkeiten geführt werden.

Das Kapital wird in der Bilanz dem Vermögen gegenübergestellt und das Vermögen stellt sich in Form von Vermögensgegenständen dar. Die Vermögensgegenstände wurden durch das vorhandene Kapital angeschafft, daher müssen Kapital und Vermögen eines Unternehmens stets die gleiche Höhe aufweisen. Das Vermögen eines Unternehmens wird in das Anlage- und das Umlaufvermögen unterteilt. Zum Anlagevermögen gehören langfristige Güter wie Grundstücke, Gebäude, Maschinen und technische Anlagen. Zum Umlaufvermögen zählen Warenvorräte, unfertige Erzeugnisse oder der Bargeldbestand.[69]

[69] Vgl. Schultz, Basiswissen Betriebswirtschaft

Finanzierung: Eigenkapital und Fremdkapital in der Übersicht[70]:

	Eigenkapital	Fremdkapital
Gibt es einen Einfluss des Geldgebers auf die Geschäftspolitik?	Ja, es ist ein Einfluss gegeben.	Nein, in der Regel gibt es keinen direkten Einfluss.
Gibt es eine zeitliche Begrenzung für die Kapitalüberlassung?	Nein, über das Kapital kann zeitlich unbegrenzt verfügt werden.	Ja, es gibt zeitliche Begrenzungen.
In welcher Form erfolgt für die Kapitalnutzung eine Gegenleistung?	In Form von Gewinnanteilen.	In Form von Zinsen.
Wie ist die Haftung geregelt?	Mit der Einlage und je nach Rechtsform darüber hinaus.	Keine Haftung.
Gibt es einen Rechtsanspruch auf Rückzahlungen?	Nein, den gibt es nicht.	Ja, der Anspruch ist gegeben.

Unter dem Begriff der Finanzierung verstehen sich alle Aktivitäten, die der Kapitalbeschaffung dienen sowie derer, die bei Verwaltung und Rückzahlung des Kapitals berücksichtigt werden. Folgende Ziele der Finanzierung sind zu unterscheiden:

[70] Vgl. Vahs / Schäfer-Kunz, Einführung in die Betriebswirtschaftslehre

Eigenständigkeit
Die Unabhängigkeit des Unternehmens, in Sicht auf die Abhängigkeit von externen Geldgebern, sollte permanent gewährleistet sein. Daher müssen die eigenen Kapitalanteile ein Volumen aufweisen, das Abhängigkeiten bzw. die Unterwanderung des Unternehmens von außen verhindert.

Kreditwürdigkeit
Bei der Kreditvergabe wird die Bonität des Kreditnehmers geprüft. Dies erfolgt durch seine gegenwärtigen und zukünftigen Einkommens- und Vermögensverhältnisse. Kreditgeber wollen die vereinbarte Rückzahlung sowie die Tilgung und Zinsen in der Zukunft sicherstellen und werden nach der Einstufung der Kreditwürdigkeit die Konditionen für den zu gewährenden Kredit festlegen.

Zahlungsfähigkeit
Auch unter dem Begriff der Liquidität soll eine Aufrechterhaltung der Zahlungsverpflichtungen gewährleistet sein. Liquide zu sein, bedeutet jederzeit seine fälligen Verbindlichkeiten zurück zahlen zu können. Die Zahlungsfähigkeit hat für ein Unternehmen die höchste Priorität, denn bei Zahlungsunfähigkeit droht die Insolvenz. In Deutschland waren in den letzten Jahren viele große Unternehmen von der Insolvenz betroffen, wie 2009 die Handelskette Woolworth Deutschland, im Jahr 2011 die Druckmaschinenbau Manroland AG, im Jahr 2012 die Drogeriemarktkette Schlecker und aktuell die Fluggesellschaft Air Berlin.

Die Liquiditätsplanung stellt zum einen die Fristigkeit des Fremdkapitals dar und zum anderen die Bindung des Kapitals in bestehende Investitionen, wie Anlagevermögen. Die Investitionsgüter lassen sich in der Sache unterscheiden, wie beim Kauf von Grundstücken, Gebäuden und Maschinen, aber auch in immaterielle Investitionen, wie Forschung und Entwicklung sowie Ausbildung im Unternehmen.

Liquiditätskennzahlen
Sie ermitteln rechnerisch den Grad der Liquidität, der nach ersten, zweiten und dritten Grades unterschieden wird. Die errechneten Prozentsätze geben Auskunft über die finanzielle Situation und die Zahlungsbereitschaft des Unternehmens. Je nach Grad der Liquidität werden Grenzen definiert.[71]

[71] Vgl. Schultz, Basiswissen Betriebswirtschaft

Liquidität ersten Grades (Barliquidität) sollte über 20 Prozent liegen.

$$\frac{\text{Zahlungsmittel}}{\text{Kurzfristige Verbindlichkeiten}}$$

Liquidität zweiten Grades (Einzugbedingte Liquidität) sollte über 100 Prozent liegen.

$$\frac{\text{Zahlungsmittel + kurzfristige Forderungen}}{\text{Kurzfristige Verbindlichkeiten}}$$

Liquidität dritten Grades (Umsatzbedingte Liquidität) sollte über 150 Prozent liegen.

$$\frac{\text{Umlaufvermögen}}{\text{Kurzfristige Verbindlichkeiten}}$$

Rentabilität
Die Kennziffer Rentabilität gibt Auskunft über die Wirtschaftlichkeit des Unternehmens. Das eingesetzte Kapital soll die größtmögliche Rendite erzielen. Der Erfolg von Unternehmen wird meist an der Gesamtkapital-, Eigenkapital- und Umsatzrentabilität gemessen. Zur Rentabilitätssteigerung wird daher die Maximierung des Gewinnes angestrebt.

4.2 Finanzierungsarten

Verschiedene Wege der Finanzierung sind denkbar, dabei geht es vorrangig um die Eigenfinanzierung, die auch als Innen- oder Selbstfinanzierung bezeichnet wird oder die Fremdfinanzierung. Die Fremdfinanzierung wird über Kredite und Darlehen erfolgen und wird in der Dauer der Überlassung differenziert. Ein weitere Art ist die Außenfinanzierung, die zusätzliches Eigenkapital von Anteilseignern aufbringt und daher eine Beteiligungsfinanzierung darstellt.

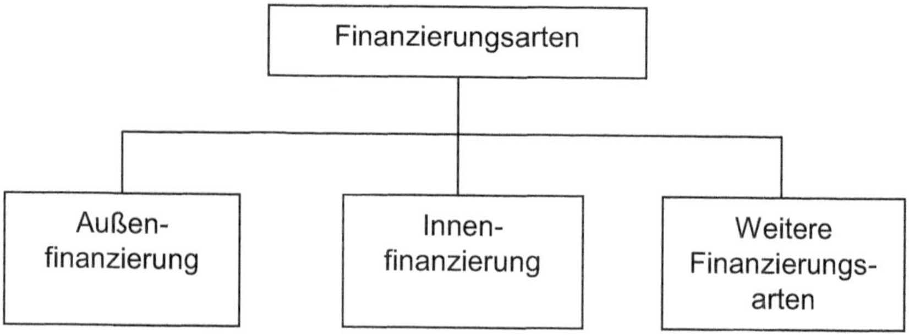

4.2.1 Außenfinanzierung

Zu einer Beteiligungsfinanzierung durch externe Kapitalgeber kommt es bei der Unternehmensgründung oder durch Kapitalerhöhungen während des Geschäftsjahres. Die Rechtsform entscheidet über die Zuführung des Kapitals in das Unternehmen. Im Einzelunternehmen wird die Privateinlage erhöht. In Personengesellschaften wie der OHG oder KG wird das zusätzliche Eigenkapital durch die bisherigen oder durch einen neuen Gesellschafter eingebracht. Auch bei einer GmbH kann Eigenkapital durch Einlagen der bestehenden oder durch die Aufnahme weiterer Gesellschafter getätigt werden. Die Beteiligung für Aktiengesellschaften wird über die Börse geregelt. Eine Aktie stellt einen handelbaren Unternehmensanteil dar, der jederzeit an Interessenten verkauft werden kann.

Eine weitere Form der Außenfinanzierung stellt die Kreditfinanzierung dar, die nach Dauer der Kreditfinanzierung in kurz-, mittel- und langfristige unterschieden wird. Kurzfristige Kredite können eine Laufzeit von wenigen Tagen bis zu wenigen Monaten haben, wie Lieferantenkredite und Kundenkredite. Oft sehen Zahlungsbedingungen von Lieferanten einen Nachlass von Skonto oder Prozenten vor, um so einen Anreiz zu schaffen, vorzeitig zu zahlen.

Bei Kundenkrediten erhält das Unternehmen durch die Anzahlung bei der Bestellung, also vor Produktionsbeginn, einen zinslosen Kredit. Im Maschinen- und Anlagenbau ist diese Form der Vorfinanzierung eine Möglichkeit das unternehmerische Risiko einzuschränken. Auch kurzfristige Kredite über Banken sind möglich in Form von Überziehungskrediten, in der Geschäftswelt als Kontokorrentkredit benannt.[72]

[72] Vgl. Schultz, Basiswissen Betriebswirtschaft

4.2.2 Innenfinanzierung

Bei dieser Finanzierungsart erhöht sich das Eigenkapital, indem die erwirtschafteten Gewinne des Unternehmens nicht ausgeschüttet werden. Durch die Selbstfinanzierung entstehen keine Zinsen oder sonstige Verpflichtungen, dieser positive Effekt stärkt zusätzlich die Höhe des Eigenkapitals und die Kreditwürdigkeit des Unternehmens. Die Voraussetzung ist, dass das Unternehmen Gewinn erwirtschaftet und die Anteilseigner nicht die vollständige Ausschüttung erwarten. In der Bilanz werden die offene und stille Selbstfinanzierung unterschieden.

Offene Selbstfinanzierung
Die in der Gewinn- und Verlustrechnung ausgewiesenen Gewinne werden für die Bildung von Rücklagen herangezogen. In der Bilanz werden diese als Gewinnrücklagen ausgewiesen, dies erfolgt nach § 266 HGB. In Kapitalgesellschaften können ebenfalls offene Rücklagen gebildet werden, verpflichtend jedoch nach § 150 AktG bis zu einer Höhe von 10 Prozent des Grundkapitals.

Stille Selbstfinanzierung
Der ausgewiesene Gewinn wird durch stille Rücklagen gemindert, indem eine Unterbewertung von Vermögensgegenständen vorgenommen wird. Im Rahmen der steuerlich zulässigen Bewertungen erfolgt ein verringertes Jahresergebnis, dies reduziert die Auszahlungen für Steuern vom Einkommen und Ertrag.[73]

4.2.3 Weitere Finanzierungsarten

Hierbei handelt es sich um finanzierungsähnliche Vorgänge, die weder der Innen- noch der Außenfinanzierung zuzuordnen sind. Z.B.:

Subventionen
Sie stellen staatliche Zuschüsse dar, für die keine direkten geldlichen Gegenleistungen erbracht werden müssen. Jedoch werden im Vorfeld von den Unternehmen Anträge an die entsprechenden Behörden gestellt oder auch an die nationale Regierung, die dann eine Prüfung auf Gewährung durchführen. Hierbei kann es sich um Förderungen in strukturschwachen Regionen, Forschungsvorhaben, Existenzgründungen oder die Integration bestimmter Personengruppen auf dem Arbeitsmarkt handeln.

---

[73] Vgl. Vahs / Schäfer-Kunz, Einführung in die Betriebswirtschaftslehre

Leasing
Unter diesem Begriff wird das Anmieten von Sachwerten wie Anlagen, Maschinen oder Geräten verstanden, jedoch auch von Grundstücken und Gebäuden. Ein Leasingvertrag bildet die Geschäftsgrundlage zwischen dem Leasinggeber, der die Sachwerte finanziert und dem Leasingnehmer gegen eine Leasinggebühr vermietet. In einem Leasingvertrag werden folgende Inhalte geregelt:

- Laufzeit
- Leasingraten pro Monat
- Modalitäten nach Ablauf der Laufzeit

Der Vorteil für den Leasingnehmer besteht darin, kein zusätzliches Kapital aufnehmen zu müssen und der Abschluss stellt auch meist einen geringeren Aufwand dar, als die Aufnahme eines Kredites. Ein weiterer Vorteil sind kurzfristige Laufzeiten des Leasingvertrages, die es dem Leasingnehmer ermöglichen, stets aktuelle Maschinen oder Autos zu nutzen. Nach Ende der Vertragszeit hat der Leasingnehmer oft die Möglichkeit den Sachwert zu einem Restwert zu erwerben oder ihn an den Leasinggeber zurückzugeben. Auch für den Leasinggeber rechnet sich das Geschäftsmodell, da er Risiken und Pflichten über den Vertragsinhalt an den Mieter überträgt. Das sind Risiken in der Wertminderung oder die Verpflichtung zur Instandhaltung des Leasinggegenstandes.

4.3 Finanzierungsplanung und Finanzierungskontrolle

Monatlich, quartalsweise oder jährlich werden Finanzplanungen im Unternehmen durchgeführt, um die zu erwartenden Einnahmen den voraussichtlichen Ausgaben gegenüberzustellen. Nach der Ermittlung des Kapitalbedarfes werden Maßnahmen festgelegt, die die Liquidität und die Rentabilität des Unternehmens sichern.

4.3.1 Finanzplanung

Der Kapitalbedarf wird differenziert nach den benötigten finanziellen Mitteln für das Anlagevermögen und für das Umlagevermögen, das den Zeitraum von Beginn der Leistungserstellung bis zum Vertrieb an den Kunden beschreibt, auch als Cash-to-Cash-Zyklus bezeichnet. Die Dauer der Leistungserstellung, der Umfang der zu finanzierenden Vorräte sowie die Zahlungsziele der Lieferanten und die Zahlungsziele für die Kunden werden Einfluss auf den Cash-to-Cash-Zyklus haben. Aus dem Finanzplan werden Liquiditätsengpässe detailliert ersichtlich.

Im zweiten Schritt wird der Finanzplan Entscheidungen zur Kapitalaufnahme treffen, in welcher Art, wann, wie viel Kapital bereitstehen soll. Der dritte Schritt steht für die Durchführungsphase der Maßnahme, wie z.B. Gespräche mit Banken führen oder Verträge erarbeiten. Sollte eine gewünschte Finanzierung nicht erfolgen können, muss der Finanzplan an die Gegebenheiten angepasst werden, ggf. auf bestimmte Investitionen auch verzichtet werden.[74]

4.3.2 Finanzkontrolle

Durch die Kontrollphase erfolgt eine fortlaufende Überprüfung der vorhandenen Ist-Werte mit den Soll-Werten. Bei auftretenden Abweichungen wird eine Analyse die Ursachen aufdecken und Maßnahmen zur Abhilfe schaffen. Für die Finanzkontrolle werden quantitative Methoden genutzt, die zu einem bestimmten Zeitpunkt durchgeführt werden und als statische Finanzkontrolle bezeichnet werden.

Je nach Branche werden die Kennzahlen genutzt, die für die Beurteilung und Steuerung des Unternehmens benötigt werden. Im Einzelhandel sind Kennzahlen wie Umschlagshäufigkeit von Waren oder Umsatz pro Quadratmeter wesentlich. Im Eventmanagement die Besucherzahlen pro Veranstaltung. Das heißt, jedes Unternehmen wird sich auf eine Anzahl von Kennzahlen beschränken, die sogenannten Schlüsselkennzahlen. Betriebswirtschaftliche Kennzahlen dienen der Analyse, der Steuerung und der Dokumentation, deren wichtigste Quelle ist die Bilanz, die Gewinn- und Verlustrechnung oder eigene Datenerfassungssysteme.

Auf die Rentabilitäts- und Bilanzkennzahlen soll in diesem Zusammenhang näher eingegangen werden. Eine weitere Unterscheidung zeigt sich in der dynamischen Finanzkontrolle, die über einen Zeitraum erfolgt, auch hier wird ein Beispiel dargestellt.

Kennzahlen bieten eine Grundlage, um Leistungen zu vergleichen, die formulierten Zielsetzungen in der Realität zu überprüfen und um Probleme zu erkennen. Daher werden an Kennzahlen bestimmte Anforderungen gestellt, wie:

- Vergleichbarkeit
- Verständlichkeit
- Erklärbarkeit

[74] Vgl. Schultz, basiswissen Betriebswirtschaftslehre

4.3.2.1 Rentabilitätskennzahlen

Sie stellen eine ökonomischen Erfolgsgröße, wie den Gewinn, in das Verhältnis zu dem eingesetzten Kapital. Diese Kennzahl zeigt wie rentabel das gesamte Kapital eingesetzt wurde. Eine regelmäßige Anwendung dieser Berechnungen verdeutlicht jede Veränderung und Abweichung von den gesetzten Zielen.

Beispiel Umsatzrendite:

$$\text{Umsatzrendite} = \frac{\text{Jahresüberschuss}}{\text{Umsatzerlöse}} \times 100$$

Die Umsatzrendite ermittelt den relativen Erfolg des Unternehmens, der im Branchen- und Zeitvergleich eine wirtschaftliche Entwicklung über mehrere Jahre darstellt.

Beispiel Eigenrentabilität:

$$\text{Eigenkapitalrendite} = \frac{\text{Bilanzgewinn}}{\text{Eigenkapital}} \times 100$$

Unter dem Begriff der Rendite wird die Verzinsung einer Investition oder Kapitalanlage verstanden. Der Kapitalgeber erwartet für sein eingesetztes Kapital eine angemessene Rendite. Diese Verzinsung sollte über dem Bankzins liegen, da er ein erhöhtes wirtschaftliches Risiko hat.[75]

4.3.2.2 Bilanzstrukturkennzahlen

Sie leiten sich aus bestimmten Bilanzpositionen ab, die in horizontale und vertikale Bilanzstrukturkennzahlen unterteilt werden, angelehnt an die Struktur einer Bilanz. Innerhalb der Bilanz werden drei Liquiditätsgrade unterschieden, wie bereits in Kapitel 4.1 beschrieben. Eine Unternehmung wird langfristige Liquidität anstreben, daher soll zumindest das Anlagevermögen durch Eigenkapital gesichert sein oder durch Fremdkapital langfristig finanziert werden. Auch hier werden drei Grade der Deckung berechnet. Der Anlagendeckungsgrad ermittelt, in welchem Umfang das Anlagevermögen und Vorräte durch Eigenkapital und langfristige Fremdfinanzierung ermöglicht werden.

[75] Vgl. Simon, Managementtechniken

Bei der horizontalen Finanzierungsregel erfolgt eine Gegenüberstellung der Aktiv- und Passivseite, d.h. von Vermögen und Kapital.

$$\text{Deckungsgrad 3} = \frac{\text{Eigenkapital + langfristiges Fremdkapital}}{\text{Anlagevermögen und Vorräte}} \times 100$$

Um Liquiditätsprobleme zu vermeiden, sollte der Deckungsbeitrag dritten Grades bei 100 Prozent liegen. Vertikale Finanzregeln nehmen eine Analyse innerhalb der Aktivseite oder der Passivseite vor. Dies ermöglicht auf der Aktivseite eine transparente Aufstellung der Vermögensstruktur und auf der Passivseite eine Übersicht der Finanzierungs- und Verschuldungsstruktur.

4.3.2.3 Dynamische Finanzkontrolle

Sie ermöglicht einen Überblick für einen bestimmten Zeitraum oder eine definierte Periode. Für eine erfolgreiche Betrachtung können unterschiedliche Methoden genutzt werden:

1. Finanzplan: Durch eine Gegenüberstellung der Soll- und Ist-Zahlen lassen sich Veränderungen dokumentieren und Maßnahmen ableiten.
2. Kapitalflussrechnung: Bei dieser Methode werden die Kapitalzuflüsse und Kapitalabflüsse der finanziellen Mittel für einen Zeitraum dargestellt.
3. Finanzrechnung: Ein Jahresfinanzplan bestimmt durch die am Jahresanfang vorhandenen Geldbeträge und geschätzten Werte für Einzahlungen und Auszahlungen den Geldbestand am Jahresende. Aus den Umsätzen ergeben sich Einzahlungen und Auszahlungen.

4. Cash-Flow-Analyse: Er gibt Auskunft über die finanziellen Mittel, die in einer Periode erwirtschaftet werden. Diese Methode wird gern zur Prüfung der Kreditwürdigkeit eines Unternehmens herangezogen, da der Gewinn in der Bilanz keine alleinige Aussage zum Zustand des Unternehmens trifft. Der Cashflow erwirtschaftet sowohl die Schuldentilgungen und Zinsen, als auch die zukünftigen Investitionen und übernimmt somit eine Haftung für das Eigenkapital. Je höher der Cashflow, desto positiver die Beurteilung der Liquidität des Unternehmens.[76]

	Zahlungsbedingte Erträge (Einnahmen)
-	Zahlungsbedingte Aufwendungen (Ausgaben)
=	Cashflow

[76] Vgl. Schultz, Basiswissen Betriebswirtschaft

4.4 Investitionsarten

Das durch die Finanzierung bereitgestellte Kapital wird im Unternehmen für Investitionen genutzt und dadurch für längere Zeit gebunden. Meist wird der Begriff der Investition auf Anlagegüter beschränkt, die jedoch eine Unterscheidung bezüglich des Investitionsobjektes vornehmen. Bei einer Investition im Bereich der Betriebsmittel handelt es sich um eine Real- oder Sachinvestition, im Bereich der Unternehmensbeteiligung oder bei Beschaffung einer Finanzanlage wird von der Finanzinvestition gesprochen und bei einer Beteiligung im Bereich einer Dienstleistung von einer immateriellen Investition.

Eine weitere Differenzierung erfolgt nach dem Anlass der Investitionen. Die Errichtungsinvestition bezeichnet die Beschaffung von Anlagen, Maschinen oder Geräten im Zusammenhang mit der Neugründung einer Unternehmung oder bei der erstmaligen Beschaffung von Betriebsmitteln für die Herstellung eines neuen Produktes. Doch auch folgende Anlässe der Investitionen sind möglich:

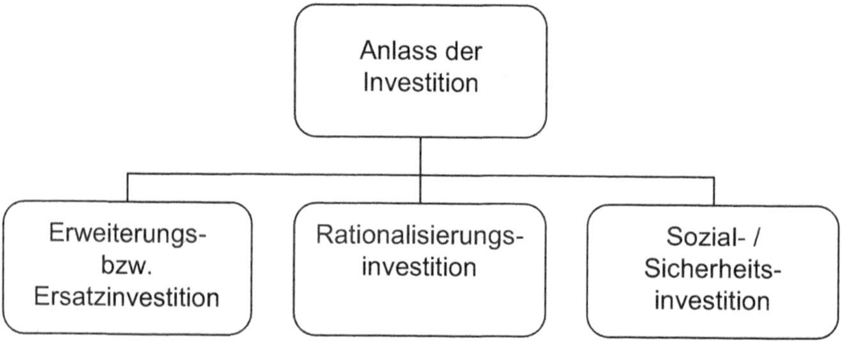

Die Erweiterungsinvestition beschafft zusätzliche Betriebsmittel, wie z.B. Maschinen, um die Kapazität und Produktivität zu steigern. Dies kann auf Grund veränderter Marktsituationen entstehen, wie durch die steigende Nachfrage an einem Produkt. Eine Ersatzinvestition wird notwendig, wenn technische Anlagen nicht mehr auf dem neuesten Stand oder defekt sind. Auch hohe Instandhaltungskosten oder Aspekte von Umweltschutz und Nachhaltigkeit können zu einer Überlegung führen, vorhandene Sachanlagen zu ersetzen, z.B. Nutzung von Elektromobilität im Fuhrpark.[77]

[77] Vgl. Vahs / Schäfer-Kunz, Einführung in die Betriebswirtschaftslehre

Bei der Rationalisierungsinvestition geht es um Einsparungen im Bereich von Arbeitsplätzen. Die menschliche Arbeitskraft wird zunehmend durch halb- bzw. vollautomatische Betriebsmittel ersetzt. Gerade in Zeiten der Digitalisierung erfolgt eine Einsparung in administrativen Bereichen und in der Dienstleistung, z.B. werden Mitarbeiter im Kassenbereich durch digitale Scannersysteme freigesetzt.

Durch die Investitionen in sozialen Bereichen können Unternehmen die Arbeitsbedingungen erleichtern und zum positiven Image sowie zur Arbeitszufriedenheit beitragen. Je nach Unternehmensgröße können z.B. Mitarbeiterkantinen und Betriebskindergärten geschaffen werden. Leider ergeben diese Investitionen keine messbaren Werte der wirtschaftlichen Vorteile und werden daher nicht in gleicher Weise, wie andere Investitionsarten, berücksichtigt. Die sicherheitstechnischen Investitionen leisten ihren Beitrag im Arbeitsschutz und werden den gesetzlichen Anforderungen durch die Fürsorgepflicht der Arbeitgeber am Arbeitsplatz gerecht. Grundsätzlich führen Investitionen im Bereich von Arbeits- und Gesundheitsschutz zu einer positiven Veränderung in der Krankentagestatistik der Unternehmen.

4.4.1 Investitionsentscheidungen

Um eine Entscheidung zur Durchführung von Investitionen herbeizuführen, ist es nötig einen Ablaufplan zu dokumentieren. Dieser wird einzelne Entscheidungen nach Investitionsleitlinien und Investitionsbudget des Unternehmens vorsehen.

- Überprüfung der Investitionsdaten auf Plausibilität und Gültigkeit.
- Überprüfung der Nutzungsdauer und ihre Amortisation.
- Überprüfung der Zielerreichung durch Investitionsalternativen.
- Auswahl von Investitionsprojekten, da das Kapital begrenzt ist.
- Kontrolle der Investitionsziele während der Realisierung.

Planungsphase:
Durch eine Investitionsanregung in einem Unternehmensbereich beginnt die Planung auf der Grundlage von ermittelten Investitionsdaten. Diese werden Alternativen analysieren, wie Investitionsauszahlung, Nutzungsdauer, Rückflüsse und Liquiditätserlös. Da die Planung sich auf die Zukunft bezieht, handelt es sich um Prognosen, die damit der permanenten Beobachtung und Kontrolle unterliegen.[78]

[78]Vgl. Vahs / Schäfer-Kunz, Einführung in die Betriebswirtschaftslehre

Entscheidungsphase:
Um Alternativen zu beurteilen werden statische und dynamische Verfahren der Investitionsrechnung genutzt. Entscheidend ist die monetäre und qualitative Beurteilung, die den Bedarf in unterschiedlichen Unternehmensbereichen berücksichtigt und nach Prioritäten die finanziellen Mittel vergibt. Die Zuordnung der Prioritäten werden in einem Investitionsprogramm festgeschrieben.

Realisierungsphase:
Diese erfolgt in Abhängigkeit der Größe des Investitionsprojektes, aus der sich unterschiedliche Anforderungen und Zeitfenster für die Durchführung ergeben.

Kontrollphase:
Sie überprüft wie die geplanten Investitionsvorhaben realisiert wurden und inwieweit die angestrebten Ergebnisse erzielt wurden. Sollten sich in der Soll-Ist-Analyse Abweichungen ergeben, müssen diese in der Zukunft berücksichtigt werden oder Maßnahmen für entsprechende Korrekturen eingeleitet werden.

4.5 Beurteilung von Investitionsalternativen

Investitionsrechnungen dienen der Überprüfung von Wirtschaftlichkeit und als Maßstab zur Errechnung der zu erwarteten Kapitalverzinsung. Verschiedene Verfahren ermöglichen Berechnungen in unterschiedlicher Komplexität. Eine Übersicht zeigt Verfahren, die in der Praxis Anwendung finden.[79]

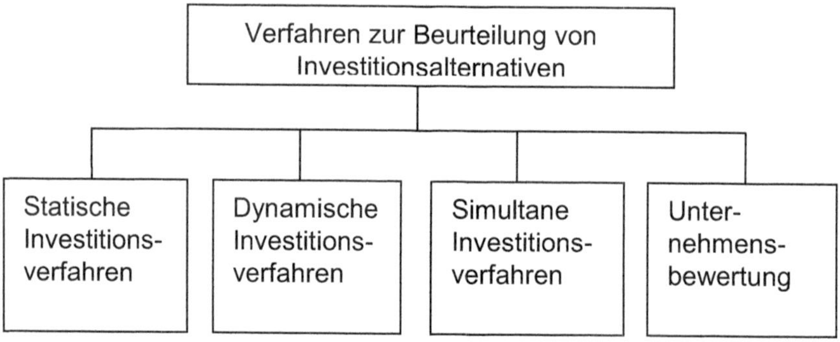

[79] Vgl. Schultz, Basiswissen Betriebswirtschaft

4.5.1 Statische Investitionsverfahren

Sie stellen eine einfache Rechenmethodik ohne Berücksichtigung des Zeitpunktes dar. Das Verfahren betrachtet nur wenige Einflussgrößen und arbeitet daher mit Durchschnittswerten. Es wird davon ausgegangen, dass jede Periode mit den selben Werten belastet ist. Da dieses Verfahren sich sehr übersichtlich darstellt, findet es in der Praxis eine verbreitete Anwendung. Jedoch bieten statische Verfahren nur eine bedingte Genauigkeit, da sie weder zeitpunkt- noch zeitraumbezogene Schwankungen bewerten. Kapitaleinsätze, Nutzungsdauer der Investition und Kapitalrückflüsse werden stark vernachlässigt, daher ist eine Zurechnung der Gewinne auf einzelne Investitionsobjekte schwer möglich. In der Praxis eignen sich statische Verfahren für überschaubare, kleine Investitionen.

Unterschieden werden:
Kostenvergleichsrechnung dient dem Vergleich von Investitionsalternativen, indem die fixen Kapitalkosten (Abschreibungen, Zinsen) und die variablen Betriebskosten (Material, Löhne, Mietkosten usw.) für die Alternative A oder B berechnet werden, je Jahr oder pro Stück. Die Alternative mit den geringsten Kosten wird dann als die positive Alternative beurteilt und realisiert.

Gewinnvergleichsrechnung erweitert die Kostenvergleichsrechnung indem sie die Gewinne in die Analyse mit einbezieht. Dieses Verfahren ermöglicht die Berücksichtigung z.B. von unterschiedlichen Produkten mit unterschiedlicher Qualität, durch die ein höherer Preis erzielt werden kann. Es erfolgt somit eine Zuordnung des Gewinnes zum Investitionsobjekt.

Rentabilitätsvergleichsrechnung stellt wiederum eine Weiterentwicklung der beiden vorher benannten Verfahren dar. Der durch die Investition entstandene Gewinn wird ins Verhältnis zum Kapitaleinsatz am Anfang der Investition gesetzt.[80]

$$\text{Investitionsrentabilität} = \frac{\text{Durchschnittlicher Periodengewinn}}{\text{Durchschnittlicher Kapitaleinsatz}}$$

[80] Vgl. Schultz, Basiswissen Betriebswirtschaft

Amortisierungsrechnung ermittelt den Zeitraum, der zur Wiedergewinnung des investierten Kapitals benötigt wird. Gleichzeitig dient der Zeitraum, um das Risiko der Investition zu bewerten. Je kürzer die Amortisierungszeit, desto eher kann ein Unternehmen auf Marktveränderungen reagieren und wird sich für diese Alternative entscheiden. Das Verfahren sollte ergänzend zu Investitionsrechenverfahren genutzt werden, um die Wirtschaftlichkeit eines Unternehmens zu beurteilen.

4.5.2 Dynamische Investitionsverfahren

Diese Verfahren bieten gegenüber den statischen Verfahren bessere Vergleichsmöglichkeiten der Investitionsalternativen, durch die Berücksichtigung von Nutzungsdauer und Kapitaleinsätzen. Dynamische Verfahren errechnen für den Zeitraum des Investitionsvorhaben den Barwert der Ein- und Auszahlungen. Weiterhin werden Schätzungen vorgenommen, wann mit den Rückflüssen aus Investitionen zu rechnen ist, diese können zinsbringend wieder investiert werden. Daher haben frühere Rückflüsse für Investoren einen höheren Wert, als gleich hohe spätere Rückflüsse.

Da jedoch der Kalkulationszinssatz auf einer Schätzung beruht, beeinflusst dieser stark das Ergebnis. Wird also ein zu hoher Zinssatz festgelegt, könnte dadurch eine Investitionsalternative ausgeschlossen werden. Diese Verfahren sollten daher nicht einseitig auf die quantitativen Ergebnisse ausgerichtet sein, sondern auch qualitative Kriterien einbeziehen. Folgende dynamische Investitionsrechnungen lassen sich unterscheiden:

Kapitalwertmethode vergleicht eine Investition mit einer Investitionsalternative, die sich mit dem Kalkulationszinsfuß "r" verzinst. Der Kapitalwert ermittelt die Differenz aller abgezinsten Einzahlungen und Auszahlungen für ein Investitionsprojekt. Unter Einfluss des festgesetzten Zinssatzes wird die Vermehrung oder Verminderung des Geldvermögens der Investition sichtbar.[81]

Interne Zinsfußmethode wandelt die Kapitalwertmethode ab, indem der Kapitalwert gleich Null gesetzt wird und so die Ermittlung des internen Zinsfußes erfolgt. Anschließend muss die Gleichung nach dem Zinssatz aufgelöst werden, um die effektive Verzinsung der Investition zu errechnen.

[81] Vgl. Vahs / Schäfer-Kunz, Einführung in die Betriebswirtschaftslehre

Annuitätenmethode stellt auch eine Variante der Kapitalwertmethode dar, jedoch wird der Kapitalwert einer Investition in gleich große jährliche Beträge umgerechnet, die als Einzahlungsüberschüsse oder Annuitäten bezeichnet werden. Durch diese Methode lassen sich Investitionsvorhaben mit unterschiedlichen Laufzeiten besser vergleichen.

4.5.3 Simultane Investitionsverfahren

Bei den statischen und dynamischen Verfahren werden nur einzelne Kriterien in den Berechnungen berücksichtigt. In simultanen Verfahren sollen möglichst alle finanzrelevanten Kennzahlen in die Ergebnisfindung mit einfließen. Da in einzelnen Unternehmen eine Vielzahl von quantitativen und qualitativen Kennzahlen genutzt werden, ist es kaum möglich, dies in einem Modell darzustellen. Daher wird diese Methode in der Praxis nur selten berücksichtigt [82]

4.5.4 Verfahren zur Unternehmensbewertung

Die Berechnung eines gesamten Unternehmens erfolgt auf der Grundlage des gegenwärtigen und zukünftigen Wertes. Das zukünftige Potenzial zu ermitteln erfolgt auf der Basis von Schätzungen, die jedoch durch das Einbeziehen von Substanzwert-, Ertragswert- oder Mittelwertverfahren ergänzt werden können. Aussagen zum Wert eines Unternehmens geben der Liquiditätserlös, die Wiederbeschaffungskosten oder ggf. der Börsenkurswert. Grundsätzlich können auch qualitative Verfahren zur Bewertung einer Unternehmung herangezogen werden, wie die Szenariotechnik, bereits im Kapitel 3.1.3.1 beschrieben.

Substanzwertverfahren beschreiben den Substanzwert, der für die Neuerrichtung der Unternehmung aufgewendet werden müsste. Aus den Positionen der Aktivseite der Bilanz werden die Vermögenswerte einen Teilsubstanzwert errechnen, der jedoch den Geschäftswert unberücksichtigt lässt. Zum Geschäftswert zählen der Standort der Unternehmung, die Sortimente, die Qualifikation der Mitarbeiter und das Knowhow. Der Geschäftswert und Teilsubstanzwert bilden zusammen den Vollsubstanzwert, der jedoch nicht die einzige Orientierungsgröße für eine Entscheidung darstellen sollte. [83]

---

[82] Vgl. Schultz, Basiswissen Betriebswirtschaft
[83] Vgl. Schultz, Basiswissen Betriebswirtschaft

Ertragswertverfahren bestimmen den Barwert zukünftiger Erträge und sind damit stark an die Kapitalwertmethode angelehnt. Der Ertragswert errechnet sich aus dem abgezinsten Liquiditätserlös und den abgezinsten Periodengewinnen des Unternehmens. Auch hier unterliegt der angenommene Zinssatz einer Schätzung und ist daher ungenau.

Mittelwertverfahren werden in der Praxis häufig genutzt, da Substanzwert- und Ertragswertverfahren beiderseits berücksichtigt werden. Der Unternehmenswert wird als arithmetischer Mittelwert folgendermaßen bestimmt:

$$\text{Mittelwert} = \frac{\text{Teilsubstanzwert} + \text{Ertragswert}}{2}$$

Im Regelfall ist der Unternehmenswert höher als der Teilsubstanzwert und niedriger als der Ertragswert, daher wird der Mittelwert als Unternehmenswert festgesetzt. Sollte der Ertragswert unter dem Teilsubstanzwert liegen, wäre dieses Verfahren nicht anzuwenden.[84]

4.5.5 Qualitative Investitionsverfahren

Nicht nur die quantitativen Ergebnisse werden eine Auskunft zur Beurteilung des Investitionsvorhabens leisten, auch qualitative Einflussgrößen sollten berücksichtigt werden.

Marktbezogene Faktoren:
Bis zu welchem Zeitpunkt wird eine Investition am Markt realisiert?

Technische Faktoren:
In welche Art der Betriebsmittel soll investiert werden?

Soziale Faktoren:
Welche Auswirkungen hat die Investition auf die Qualifikation der Mitarbeiter oder auf die Arbeitsbedingungen der Mitarbeiter?

Diese Faktoren können auch in einer Nutzwertanalyse erfasst werden, die eine Gewichtung der Kriterien vornimmt. Auf diese Weise werden verschiedene Realisierungsalternativen verglichen und die Alternative mit dem höchsten Nutzwert ermittelt.[85]

---

[84] Vgl. Schultz, Basiswissen Betriebswirtschaft
[85] Vgl. Vahs / Schäfer-Kunz, Einführung in die Betriebswirtschaftslehre

Beteiligung von Betriebsräten

Das Kapitel der Finanzierung beschäftigte sich mit den finanziellen Mitteln, die nötig sind, um ein Unternehmen erfolgreich in die Zukunft zu führen. Diese finanziellen Mittel werden im Unternehmen so eingesetzt, dass sie den größtmöglichen wirtschaftlichen Erfolg bringen. In Zeiten der Digitalisierung werden viele Arbeitsprozesse durch Technik optimiert und führen zu einer Einsparung an Arbeitskräften. Diese zeigte sich in der Vergangenheit verstärkt durch die Zunahme von Teilzeitarbeitsplätzen in vielen Branchen. Im nächsten Jahrzehnt werden weitere Arbeitsplätze von der Rationalisierung betroffen sein und daher müssen Arbeitnehmervertreter ihren Blick in die Zukunft richten.

Der § 92a Betriebsverfassungsgesetz ermöglicht den Betriebsräten Vorschläge zur Sicherung und Förderung der Beschäftigung zu machen. Zusätzlich zu dem § 92 BetrVG Personalplanung erhält der Betriebsrat die Möglichkeit mit dem Arbeitgeber, über Vorschläge zu beraten. Der Gesetzestext des § 92a Abs.1 BetrVG enthält eine Aufzählung von personalpolitischen Maßnahmen, die nicht alle gleichsam den Arbeitnehmerinteressen dienen. Daher ist es wichtig, dass sich Betriebsräte mit den Chancen und Risiken der Handlungsfelder, individuell für ihren Betrieb, auseinander setzen.

Folgende Maßnahmen werden u.a. im § 92a Abs.1 BetrVG benannt:
Die flexible Gestaltung der Arbeitszeit kann positive Auswirkungen auf die Vereinbarkeit von Beruf und Familie bringen, jedoch auch erhöhte Belastungen bei einem Arbeitszeitmodell wie Arbeit auf Abruf. Die Förderung von Teilzeitarbeit muss auch den finanziellen Aspekt berücksichtigen, inwieweit es sich Mitarbeiter leisten können, weniger Stunden zu arbeiten. An vielen Arbeitsplätzen nimmt die Arbeitsverdichtung durch neue Formen der Arbeitsorganisation zu. Projektgruppen und Teams arbeiten zunehmend selbstbestimmt, die gewünschte Eigenverantwortung führt häufig zu einer Selbstausbeutung von Arbeitnehmern.

Betriebsräte sollten Konzepte zur Beschäftigungssicherung erarbeiten und diese dem Arbeitgeber mitteilen. Der Arbeitgeber hat nach § 92a Abs.2 BetrVG mit dem Betriebsrat über die Vorschläge zu beraten. Hält er die Vorschläge für ungeeignet, muss er dies begründen, ab einer Betriebsgröße von 100 Arbeitnehmern in schriftlicher Form.[86]

[86] Vgl. Scheriau, Personelle Angelegenheiten

5 Leistungserstellung

Die betriebliche Leistungserstellung bildet eine weitere Ebene in der Betriebswirtschaftslehre, die sich mit den Bereichen der Beschaffung, Logistik, Produktionswirtschaft und dem Marketing befasst. Die Entwicklung und Herstellung neuer Produkte bzw. Dienstleistungen steht im Mittelpunkt. In diesen Teilbereichen geht es um die Versorgung mit Roh- und Werkstoffen durch Lieferanten, um die Frage der Lagerung und Transportwege von Gütern sowie die Nachfrage von Kunden, die wiederum einen Produktionsprozess auslösen.

5.1 Materialwirtschaft

Sie stellt eine bedarfsgerechte Versorgung sicher, indem sie Materialien beschafft und lagert, die für die Leistungserstellung benötigt werden. Die Beschaffung umfasst je nach Unternehmensbranche und Produktpalette bzw. Sortiment, den preisgünstigen Einkauf unter Berücksichtigung einer bestimmten Qualität der Materialien. Weiterhin spielen wirtschaftliche Überlegungen zur Zusammensetzung und Höhe des Lagerbestandes eine große Rolle, da sie Auswirkungen auf die Lagerkosten, das Lagerrisiko und die Umschlagshäufigkeit der Güter haben. Durch die Logistik werden die Bereiche Materialwirtschaft sowie Produktions- und Absatzwirtschaft eine Schnittstelle bilden, die es zu optimieren gilt.

Die Materialarten lassen sich in Rohstoffe (Bestandteil für Produkte, wie Metall), Hilfsstoffe (Bestandteil für Produkte mit einem unbedeutenden Anteil, wie Klebstoff, Schrauben usw.) und Betriebsstoffe (für die Durchführung des Produktionsprozesses verantwortlich, durch Energie, Gas, Kühlmittel usw.) unterscheiden. Rohstoffe und Hilfsstoffe gelten als Werkstoffe, die als unfertige oder fertige Erzeugnisse dem Unternehmen zur Verfügung stehen und als Materialien zur weiteren Verarbeitung dienen. Da Betriebsstoffe während der Produktion verbraucht werden, stehen sie nicht gesondert in den Beschaffungslisten der Erzeugnisse.

Ein weiterer Bestandteil sind Handelswaren, die ergänzend genutzt oder wie in Handelsunternehmen als Produkt unverändert weiter verkauft werden, z.B. in der Kette vom Großhandel an den Einzelhandel.[87]

[87] Vgl.Schultz, Basiswissen Betriebswirtschaft

5.1.1 Ziele und Aufgaben der Materialbeschaffung

Grundsätzlich werden alle Ziele von den strategischen Unternehmenszielen abgeleitet, die den Blick auf die Minimierung von Kosten richten und die Ergebnisorientierung in Bezug auf Qualität und Termin fokussieren. Durch die Reduzierung der Einkaufspeise bei den Lieferanten wird weniger Kapital gebunden und damit der Finanzbedarf geringer.

Es gilt die Bestände permanent auf Menge und Qualität zu kontrollieren, um die Lagerbestandsgrößen, wie Mindest-, Melde- und Höchstbestand zu errechnen und zu prüfen. Lagerkennziffern, wie der durchschnittliche Lagerbestand oder die durchschnittliche Lagerdauer sowie die Umschlagshäufigkeit von Gütern beeinflussen nicht nur die Beschaffenheit und Aktualität der Güter, sondern auch die Kosten der Lagerhaltung.

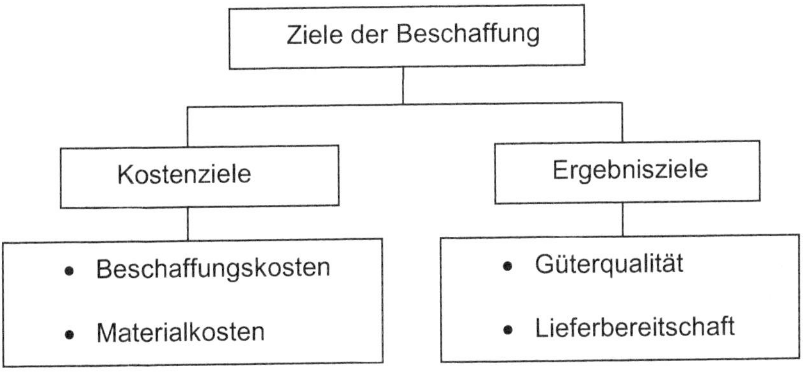

Abb. vgl. Vahs/Schäfer-Kunz, Einführung in die Betriebswirtschaftslehre

Die Ergebnisziele definieren die Qualitätsansprüche an die zu beschaffenden Materialien und geben einen zeitlichen Rahmen für die Lieferbereitschaft des Materialbedarfes vor.

Die Beschaffung der benötigten Güter, zur Leistungserstellung oder zur Leistungsverwertung, muss in der erforderlichen Menge und Qualität, zur richtigen Zeit und am richtigen Ort erfolgen. Da die Wirtschaftlichkeit im Vordergrund steht, werden Angebotsvergleiche durchgeführt, die Einstiegspreise und Konditionen wie Skonto oder Zahlungsziele auswerten.

Die Aufgaben der Beschaffung werden in strategische und operative Bereiche unterteilt. Bei der strategischen Beschaffung wird entschieden, welche Güter selbst erstellt werden und welche Güter beschafft werden sollen. Hier erfolgt die Zuordnung der benötigten Lieferanten an den entsprechenden Standorten. Grundlegende Kriterien zur Bewertung sind:

- Produzent der Güter
- Komplexität der zugekauften Güter
- Anzahl der Lieferanten
- Standorte der Lieferanten

Grundsätzlich müssen Güter zugekauft werden, wenn die eigenen Kompetenzen zu gering sind. Ein Zukauf ist auch denkbar, wenn der Lieferant günstigere Konditionen bietet, als die Kosten für eine eigene Herstellung betragen, immer unter der Voraussetzung der richtigen Qualität. Ein weiterer Grund für den Erwerb von Gütern kann mit Absatzrisiken verbunden sein, die im Unternehmen zu erhöhten Lagerkosten führen.[88]

Die operativen Aufgaben der Beschaffung werden durch die Aspekte der Bedarfsplanung, Bestandsarten und Bestellpolitik näher betrachtet.

5.1.1.1 Bedarfsplanung

Für eine Ermittlung der benötigten Materialien werden verschiedene Techniken und Methoden als Hilfsmittel genutzt. Eine ABC-Analyse wird die Materialen klassifizieren, auf Grundlage der Wertigkeit und der Mengen die beschafft werden sollen. Grundsätzlich können auch weniger oder mehr Klassifikationen vorgenommen werden, das richtet sich nach den Ansprüchen der Unternehmung.

Die A-Güter werden nur einen kleinen Anteil am mengenmäßigen Verbrauch kennzeichnen, jedoch haben sie einen hohen Wert und damit eine hohe Priorität.

Die B-Güter kennzeichnen einen mittleren Verbrauch sowie einen mittleren Anteil am Wert der Güter und stellen eine mittlere Priorität dar.

[88] Vgl. Vahs / Schäfer-Kunz, Einführung in die Betriebswirtschaftslehre

Die C-Güter sind durch einen hohen mengenmäßigen Verbrauch gekennzeichnet mit einem geringen Wertanteil, sie haben somit eine geringe Priorität. Bei einer grafischen Darstellung ergibt sich durch die Kategorien eine Kurve, die in der Praxis auch als Lorenzkurve bezeichnet wird.

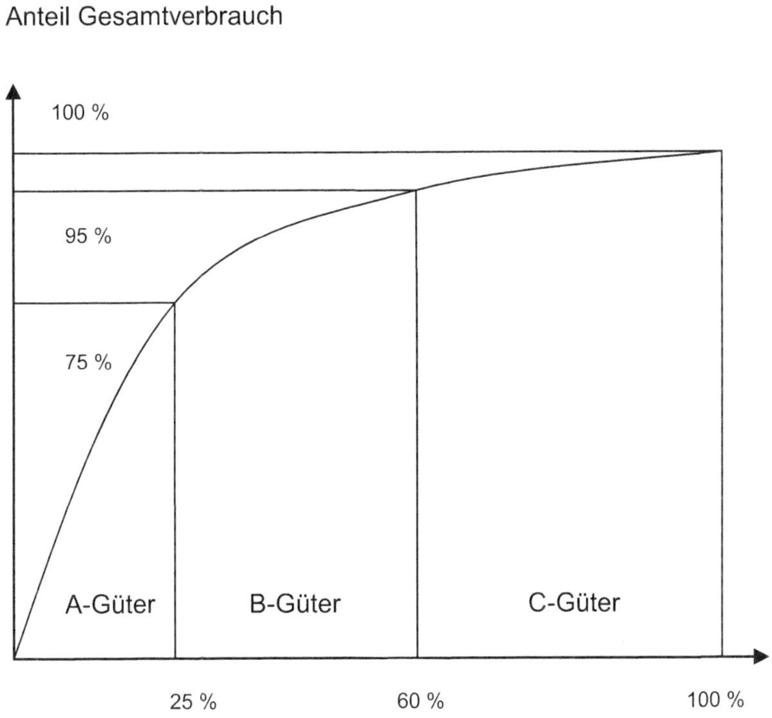

Abb. Katrin König, ABC-Analyse

Ein weitere Technik stellt die XYZ-Analyse dar, die den Bedarfsverlauf von Gütern klassifiziert. Sie beobachtet den Materialbedarf in einem bestimmen Zeitraum. Die Einteilung erfolgt ähnlich wie bei der ABC-Analyse in drei Kategorien.

Die X-Güter zeigen einen konstanten Bedarf an, d.h. der Materialverbrauch ist berechenbar.

Die Y-Güter richten den Bedarf am Trend bzw. an der Saison aus, und der Materialverbrauch unterliegt damit Schwankungen.
Die Z-Güter variieren im Materialbedarf ohne nachvollziehbare Parameter bestimmen zu können und sollten daher kurzfristig beschafft werden.[89]

In der Praxis erfolgt die Berechnung des Materialbedarfs auch durch programmgestützte Warenwirtschaftssysteme, die auf der Grundlage von Stücklisten oder Rezepturen bestehen. Die Warenwirtschaftssysteme ermöglichen eine Differenzierung nach unternehmensrelevanten Kennzahlen, wie Mengen, Lieferfristen und Zahlungsbedingungen. Diese Informationen werden auch im Produktions- und Organisationsbereich sowie im Rechnungswesen genutzt.

5.1.1.2 Beschaffungsarten

Nach Ermittlung der zu beschaffenden Materialien wird die Art der Beschaffung geprüft. Die Beschaffung nach Bedarf erfolgt nur bei kurzfristigem oder nicht absehbarem Bedarf, meist erst nach Auftragseingang, wie bei Spezialanfertigungen. Grundsätzlich können so die Kosten für eine Lagerhaltung minimiert werden.

Die Vorratshaltung wird notwendig, wenn das Material schwer zu beschaffen ist oder bei regelmäßig anfallenden Materialien. Diese Beschaffung benötigt viel Lagerfläche und bindet somit Kapital.

Eine weitere Form ist die Just-in-time-Beschaffung, die eine zeitgenaue Anlieferung vorgibt und die Materialien unmittelbar weiterverarbeitet. Dieses Prinzip unterliegt einer genauen Prozessplanung und ist somit am besten für Massenproduktionen geeignet. Lagerkapazitäten werden gering gehalten, jedoch steigt auch das Risiko von Produktionsausfällen, sollte ein Lieferant nicht termingerecht das gewünschte Material bereitstellen.

Die Kanban-Beschaffung wurde in den 50-iger Jahren bei dem japanischen Automobilhersteller Toyota entwickelt und findet auch zunehmend in Deutschland Nachahmer. Der Aufbau wird dezentral nach dem Hol-Prinzip organisiert.

---

[89] Vgl. Schultz, Basiswissen Betriebswirtschaft

Im Zwischenlager, einem Logistikzentrum des Lieferanten, werden Materialien in kleineren Mengen in Behältern gelagert, die mit bestimmten Materialscheinen (Kanban: japanisch: Schild, Karte) versehen sind. Bei Entnahme eines Behälters wird automatisch ein Beschaffungsauftrag beim Lieferanten ausgelöst, um die Auffüllung des Zwischenlagers einzuleiten. Durch dieses Prinzip werden Lagerbestände minimiert und eine Bereitstellung der benötigten Materialien gewährleistet. Auch die Kapitalbindung des Abnehmers ist gering, da das Material erst in seinen Besitz übergeht, wenn es das Logistikzentrum verlässt. Das Kanban-Prinzip wird vollautomatisch genutzt und sichert durch die Auffüllung des Zwischenlagers den Materialfluss. Schwieriger anzuwenden ist das Prinzip bei geringem Materialverbrauch, da nur komplette Behälter von Seiten der Beschaffung abzunehmen sind.[90]

5.1.1.3 Bestellpolitik

Die Ermittlung der optimalen Bestellmenge zum optimalen Bestellzeitpunkt wird unter Berechnung von gewährten Konditionen und Kosten festgelegt. Unterschiedliche Verfahren ermöglichen die Berechnung bei gleichbleibenden und variablen Zeitintervallen sowie bei gleichbleibenden und variablen Bestellmengen. Zur Optimierung der Bestellung werden betriebliche Kennzahlen, wie Beschaffungskosten, Lagerkosten und Fehlmengenkosten herangezogen.

Heute werden Bestellungen verstärkt über elektronische Wege (E-Commerce) ausgelöst. EDV Systeme ermöglichen dem Kunden Materialien aus Produktpaletten am Bildschirm auszuwählen und zu bestellen. Neben Konditionen, Zahlungsbedingungen und Lieferfristen, werden auch der Rechnungsverkehr und die Lagerbuchhaltung über die Systeme abgewickelt.

Den Bestellzeitpunkt zu bestimmen hängt von dem durchschnittlichen Bestand ab und wie der Bestand abnimmt. Da dieser auch Schwankungen unterliegen kann, müssen Wiederbeschaffungszeiten und Sicherheitsbestände berechnet werden. Die Lagerbestandsverwaltung überwacht sämtliche Zu- und Abgänge und ermittelt so u.a. die Kennzahlen der Lagerumschlagshäufigkeit oder den durchschnittlichen Lagerbestand. Auch niedrige Einkaufspreise können dafür sprechen, Material zu bestellen und einzukaufen.

---

[90] Vgl. Schultz, Basiswissen Betriebswirtschaft

$$\text{Durchschnittlicher Lagerbestand} = \frac{\text{Anfangsbestand} + 12 \text{ Monatsendbestände}}{13}$$

$$\text{Lagerumschlagshäufigkeit} = \frac{\text{Lagerabgang pro Jahr}}{\text{Durchschnittlicher Lagerbestand}}$$

Bei Zunahme der Bestellmengen werden auch die Lagerhaltungskosten steigen, da sich die Gesamtkosten pro Stück aus der Addition von Stückbeschaffungskosten und Stücklagerhaltungskosten berechnen.[91]

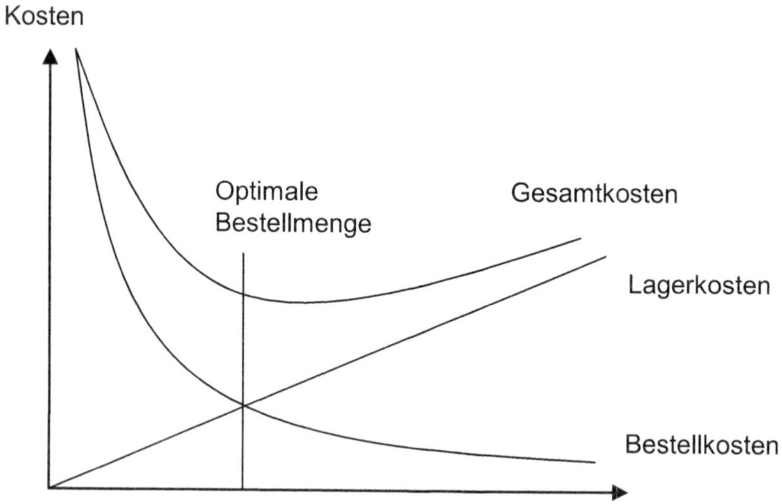

Abb. Optimale Bestellmenge nach Andler

Der Schnittpunkt der beiden Kurven zeigt die optimale Bestellmenge an, hier sind die Gesamtkosten am geringsten. Bei der optimalen Bestellmenge wird berechnet, dass die jährlichen Lagerkosten proportional zur Menge steigen, bei jährlich sinkenden Bestellkosten. In die mathematische Formel zur Ermittlung der Lagerkosten fließen auch die durchschnittlichen Lagerwerte mit Zins- und Lagerkostensatz ein.[92]

[91] Vgl. Schultz, Basiswissen Betriebswirtschaft
[92] Vgl. Vahs / Schäfer-Kunz, Einführung in die Betriebswirtschaft

5.2 Logistik

Sie beschäftigt sich mit der räumlichen, zeitlichen und mengenmäßigen Versorgung von Materialien und Gütern in Industrie- und Handelsunternehmen. Die funktionsübergreifenden Leistungen erstrecken sich von der Beschaffung über die Produktion bis zum Absatz von fertigen Erzeugnissen an die Endverbraucher. Diese Prozesse unterliegen einer permanenten Planung, Steuerung und Kontrolle. Die Logistik wird nach Gütern unterteilt, wie Material-, Informations- und Personenlogistik, da sich die Güter hinsichtlich von räumlichen, zeitlichen und strukturellen Eigenschaften ändern.

Materiallogistik: Die Güter werden über Fahrzeuge, Fließbänder o.ä., transportiert und in Lagern bereitgestellt, um später kommissioniert und verpackt zu werden.

Informationslogistik: Die Daten werden über Internet o.ä. übermittelt, anschließend gespeichert und Datenbanken zugefügt.

Personenlogistik: Die Personen werden in Zügen oder anderen Verkehrsmitteln befördert, sie warten u.a. auf Bahnhöfen und werden ein- bzw. aussteigen.

5.2.1 Aufgaben und Ziele der Logistik

Die Logistik beinhaltet nicht nur den Transport von Gütern in der richtigen Menge, am richtigen Ort, zur richtigen Zeit und im richtigen Zustand, sie übernimmt weiterhin Funktionen der Auftragsabwicklung sowie Lagerhaltung. Diese Unternehmensleistungen unterliegen einem permanenten Kostendruck und damit einer hohen Verantwortung bei der Bereitstellung von Informationen.

Logistiksysteme sollen den Aufgaben durch eine Verknüpfung der Schnittstellen bei Lieferant und Hersteller sowie Produktion oder Vertrieb gerecht werden. Eine unternehmensübergreifende Optimierung der Prozesse in der Planung und Durchführung des Informations- und Güterflusses wird zu einer positiven Kostenstruktur beitragen.[93]

[93] Vgl. Bruhn, Marketing

Die Gestaltung der Logistiksysteme integriert Transportsysteme, Lagersysteme und Steuerungssysteme. Die Transportmittel in Verbindung mit den optimalen Transportwegen stellen eine wesentliche Aufgabe dar und verfolgen das Ziel, die Kosten für den Transport zu minimieren. Auf die Komplexität der Lagerkennzahlen wurde bereits in Kapitel 5.1.1.3, der Bestellpolitik, eingegangen. Die Steuerungssysteme unterscheiden das Hol- und Bring-Prinzip, wie auch unter 5.1.2 den Beschaffungsarten, betrachtet. Eine innerbetriebliche Steuerung kann zentral oder dezentral erfolgen, die Koordination zwischen den Unternehmen jedoch meist nur durch dezentrale Logistikzentren.

Das Supply Chain Management (SCM) stellt ein weiteres Steuerungskonzept dar, dass auch als Versorgungsmanagement bezeichnet wird und die gesamte Logistikkette vom Lieferanten bis zum Kunden mit Informationen versorgt. Die umfangreichen Informationen ermöglichen einen frühzeitigen Austausch und eine schnelle Reaktion der Beteiligten, um die Versorgung jederzeit sicher zu stellen.[94]

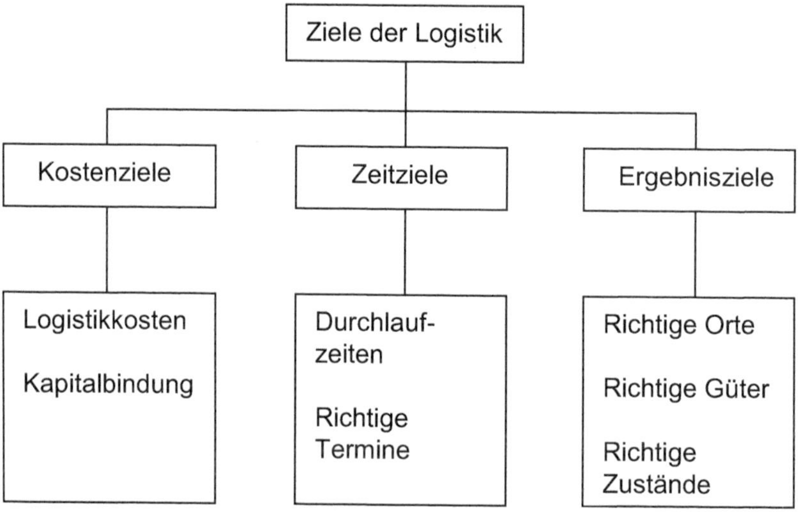

Abb. vgl. Vahs / Schäfer-Kunz, Einführung in die Betriebswirtschaft

[94] Vgl. Vahs / Schäfer-Kunz, Einführung in die Betriebswirtschaft

Folgende Zielformulierungen werden unterschieden:

Kostenziele definieren, unter Berücksichtigung aller Maßnahmen die der Beschaffung und des Absatzes dienen, die Reduzierung der Logistikkosten.

Zeitziele sollen die Durchlaufzeiten der Güter im Betrieb verringern, um die Kapitalbindung möglichst niedrig zu halten. Weiterhin sollen vereinbarte Termine mit den Kunden eingehalten werden, da ansonsten Vertragsstrafen die Folge wären.

Ergebnisziele beschreiben die Qualität der erbrachten Leistung am richtigen Ort, hinsichtlich der richtigen Sache und im richtigen Zustand der Güter.[95]

5.2.2 Funktionen der Logistik

Neben einer verlässlichen Ablaufplanung zwischen Beschaffungsmärkten, Produktionsstandorten und Absatzmärkten, setzt sich die Logistik mit der Gestaltung von Produkt und Verpackung auseinander. Die Funktionalität und der Schutz von Gütern stehen hierbei im Vordergrund. Verpackungen verhindern Transportschäden und sorgen gleichzeitig für eine positive Warenpräsentation, die durch Information und Beschriftung gewährleistet wird. Standardisierte Verpackungen wie Kisten, Paletten oder Container nutzen Lagerflächen optimal und reduzieren auf diese Weise Lager- sowie Transportkosten. Folgende Funktionen sind zu unterscheiden:

Transportieren
Die Güter werden auf dem geeigneten Weg zwischen verschiedenen Standorten transportiert. Unterschiedliche Transportwege werden mittels ausgewählter Transportmittel, wie Bahn, Schiff, Flugzeug oder Kraftfahrzeug genutzt. Auch Kombinationen von Transportmitteln sind denkbar, um eine wirtschaftlich günstige Variante zu ermitteln. Grundsätzlich orientiert sich die Lösung am Produkt und seiner Lager- sowie Transportfähigkeit. Besonders verderbliche Waren benötigen eine schnelle, ununterbrochene Lieferkette. Um Transportkosten zu minimieren sollten Leerfahrten verhindert und die Nutzung von außerbetrieblichen Transportunternehmen berücksichtigen werden.

---

[95] Vgl. Vahs / Schäfer-Kunz, Einführung in die Betriebswirtschaft

Umschlagen
Beim Be- und Entladen von Gütern aus den Transportmitteln werden Hubwagen oder Gabelstapler eingesetzt. Sie setzen die Güter um, stapeln sie am Lagerplatz oder befördern sie erneut in veränderten Mengen in andere Transportmittel.

Kommissionieren
Große Gütermengen werden im Lager in kleine Teilmengen verpackt, die auf der Grundlage von Aufträgen zusammengestellt werden. Dies ermöglicht dem Kunden geringere Gütervolumen anzufordern, um die Lagerkapazität gering zu halten.

Verpacken
Für die Verpackung der Güter werden Materialien, genannt Packmittel, verwendet, die meist durch vollautomatische Verpackungsanlagen mehrere Güter zu einer Einheit vereinen. Die Packstücke (Palette, Kiste, Karton) werden dann für den Transport bereitgestellt und bilden sogenannte Ladeeinheiten.[96]

5.3 Produktionswirtschaft

Der Produktionsprozess bildet den Input der eingesetzten Güter und den Output der auszubringenden Güter ab. Die industrielle Herstellung von Gütern, auch als Fertigung bezeichnet, wird durch den Einsatz von Produktionsfaktoren (Personal, Material und Maschinen) gesichert. Die Ausbringungsgüter werden je nach Branche als Produkt oder Dienstleistung unterschieden.

Um Produktionsvorgänge rechnerisch abbilden zu können, werden Abhängigkeiten zwischen der eingesetzten Menge an Produktionsfaktoren und der ausgebrachten Menge an produzierten Gütern dargestellt. Diese Abhängigkeiten bzw. Beziehungen werden in der Produktionstheorie untersucht, um mathematische Gesetzmäßigkeiten zwischen Input und Output zu formulieren. Da diese Zusammenhänge sich sehr komplex darstellen und weitere Einflussgrößen in der Praxis existieren, findet die Kostentheorie, unter Berücksichtigung von Faktoren wie Produktionsmenge und der Beschäftigungsgrad, Anwendung.[97]

[96] Vgl. Vahs / Schäfer-Kunz, Einführung in die Betriebswirtschaft
[97] Vgl. Schultz, Basiswissen Betriebswirtschaft

Die Kosten- und Leistungsrechnung entstand auf Grundlage der Kostentheorie und führt kurzfristige Erfolgsrechnungen sowie Deckungsbeitragsrechnungen durch. Weitere wesentliche Produktionsfunktionen sind das Ertragsgesetz (Produktionsfunktion vom Typ A) und die Verbrauchsfunktion (Produktionsfunktion vom Typ B).

Das Ertragsgesetz fand seinen Ursprung in der Landwirtschaft und legte die Beobachtung zu Grunde, dass trotz Erhöhung des Arbeitseinsatzes oder Erhöhung der Saatgutmenge sich der Ertrag eines Ackers nicht permanent steigern ließ. Das heißt, dass bei zunehmender Menge der Ertrag nur bis zu einem bestimmten Punkt ansteigt und nach Erreichen des Ertragsmaximums ein Rückgang des Ertrags eintritt.

Die Verbrauchsfunktion findet meist Anwendung in der Industrie und bezieht sich auf die erbrachte technische Leistung von Einsatzgütern, wie einer Anlage oder Maschine. Die Berechnung erfolgt am Verbrauch der einzelnen Produktionsfaktoren in Abhängigkeit zur ausbringenden Menge bzw. Leistung. Eine optimale Leistung wird dann definiert, wenn die Gesamtkosten minimal sind.[98]

5.3.1 Aufgaben und Ziele der Produktionswirtschaft

Es handelt sich um gestalterische Aufgaben, die die Produktionskapazitäten ermitteln, die Auftragstiefe festlegen, die Art der Organisation bestimmen, Produktionsverfahren auswählen und die Qualität sichern. Weiterhin muss die Durchführung der Produktionsplanung und -steuerung wahrgenommen werden, die sich in der Programm- und Mengen-, Termin- und Kapazitätsplanung sowie der Steuerung wiederfinden. Die Planung von Kapazitäten soll eine optimale Auslastung der Produktionsanlagen ermöglichen. Das gelingt mit Maschinenbelegungsplänen, die Leerzeiten vermeiden und die rechtzeitige Herstellung der Aufträge garantieren. Belegungspläne werden meist in Balkendiagrammen dargestellt, die Belegungszeiten, Pufferzeiten und nicht belegte Zeiten an der Maschine bzw. Anlage aufzeigen.

Da auch die Ziele der Produktionswirtschaft aus den strategischen Unternehmenszielen abgeleitet werden, stehen die Kosten, die Zeit und die Ergebnisse im Vordergrund.

---

[98] Vgl. Schultz, Basiswissen Betriebswirtschaft

Kostenziele
Die Produktionskosten sollten möglichst niedrig gehalten werden, um auch die Herstellungskosten für jedes Produkt gering zu halten.

Zeitziele
Um Liefertermine einzuhalten und Kundenaufträge rechtzeitig fertigzustellen, werden die Zeitziele zu einem wichtigen Baustein der Produktion. Geringe Fehlmengen und kurze Durchlaufzeiten des Materials gewährleisten eine termingerechte Erfüllung der Kundenaufträge und tragen zu einer geringen Kapitalbindung bei.

Ergebnisziele
Die Qualität ist ein weiterer wichtiger Baustein im Produktionsprozess, sie ist für eine positive Ausrichtung im Wettbewerb verantwortlich. Auch Zielvorgaben dienen in der Industrie zur Orientierung, insbesondere die Massenproduktion formuliert Stückzahlen pro Planungsperiode.[99]

5.3.2 Computerunterstützte Produktionswirtschaft

Die Entwicklung der Computertechnik unterstützt technische Systeme des Produktionsprozesses. Diesen Systemen wird die Abkürzung "CA" für Computer aided, dt. computerunterstützend, vorangestellt. Folgende Systeme werden unterschieden:

CAD Systeme (Computer Aided Design) werden im Entwurfs- und Konstruktionsbereich eingesetzt.

CAP Systeme (Computer Aided Planning) unterstützen die Produktionsablaufplanung durch die Erstellung von Arbeitsplänen.

CAM (Computer Aided Manufacturing) steuern und überwachen Produktionsanlagen und Maschinen im Fertigungsprozess.

CAQ (Computer Aided Quality Assurance) führt Messungen und Kontrollen automatisch durch und wertet die Daten aus.

Auch zur Erfüllung der betriebswirtschaftlichen Aufgaben werden Produktionsplanungs- und Steuerungssysteme (PPS) genutzt. Sie kontrollieren die mengenmäßige und zeitliche Planung der Produktion.[100]

[99] Vgl. Vahs / Schäfer-Kunz, Einführung in die Betriebswirtschaft
[100] Vgl. Schultz, Basiswissen Betriebswirtschaft

5.4 Absatzwirtschaft (Marketing)

Um sich am Markt zu positionieren, müssen Unternehmen sich permanent an den Bedürfnissen des Kunden orientieren und die Wettbewerber analysieren. Der Kampf um Marktanteile und Marktumsatz steigt durch zunehmende Konkurrenz und gesättigte Märkte. Marketingkonzepte setzen eine konsequente Analyse, Planung, Durchsetzung und Kontrolle aller internen und externen Unternehmensabläufe voraus, um festgelegte Ziele zu erreichen.

Die Veränderung von Verkäufer-Märkten (Angebot kleiner als Nachfrage) zu Käufer-Märkten (Angebot größer als Nachfrage) zwingen Unternehmen den Kunden zu umwerben. Die Qualität der Produktes und das Preis- Leistungs-Verhältnis sowie das Image des Unternehmens stehen im Mittelpunkt des unternehmerischen Handelns. Faktoren, wie der technologische Wandel, die Internationalisierung, die Transparenz der Märkte und das Internet haben den Wettbewerb stark beschleunigt und fordern eine stetige Reflektion der eigenen Unternehmensleistung.

Mit dem Wandel der Produktionswirtschaft und der Globalisierung der Märkte veränderten auch die Kunden ihr Konsumverhalten. Eine dauerhafte Kundenbindung herzustellen ist schwierig, da Kundenansprüche steigen und der emotionale Nutzen zunehmend im Vordergrund steht. Entwicklungsphasen des Marketing:

Phase der Produktorientierung (1950erJahre)
Phase der Verkaufsorientierung (1960er Jahre)
Phase der Marktorientierung (1970er Jahre)
Phase der Wettbewerbsorientierung (1980er Jahre)
Phase der Umfeldorientierung (1990er Jahre)
Phase der Beziehungsorientierung (2000er Jahre)
Phase der Netzwerkorientierung (ab 2010)[101]

Marketing wird auf Grund seiner Komplexität und Dynamik als eine Führungsfunktion im Unternehmen wahrgenommen und weist drei konzeptionellen Ebenen genaue Entscheidungsbefugnisse zu.

- Zielebene: Wo stehen wir und wo wollen wir hin?
- Strategieebene: Wie erreichen wir ohne Umwege unsere Ziele?
- Mixebene: Was setzen wir zur Erreichung unserer Ziele ein?[102]

---

[101] Vgl. Bruhn, Marketing
[102] Vgl. Becker, Das Marketingkonzept

5.4.1 Aufgaben und Ziele des Marketing

Der Absatzmarkt wird in der Volkswirtschaftslehre als der Punkt definiert, an dem Angebot und Nachfrage aufeinander treffen. Im Marketing geht es um die Analyse des Marktes, der für das Unternehmen relevant ist. In der Analyse werden Marktstrukturen und Marktprozesse betrachtet, die nach sachlicher, räumlicher und zeitlicher Relevanz untersucht werden. Weitere Möglichkeiten zur Abgrenzung lassen sich in folgenden Aufgaben beschreiben:

Produktbezogene Aufgaben passen sich stets den Kundenwünschen an, durch Produktverbesserungen und Produktvariationen. Die Entwicklung neuer Produkte steht im Vordergrund sowie das frühzeitige Erkennen von Trends.

Marktbezogene Aufgaben nutzen den Ausbau vorhandener Märkte durch Sortimentserweiterungen und durch die Erweiterung der Produktpalette. Grundsätzlich werden auch neue Märkte erschlossen, um Marktanteile sowie Marktumsatz zu erhöhen.

Kundenbezogene Aufgaben befassen sich mit der Verbesserung der Kundenbindung, um langfristig Stammkunden zu gewinnen und gezielte Werbemaßnahmen der Zielgruppe zu präsentieren.

Absatzmittlerbezogene Aufgaben optimieren die Handelsbeziehungen und erschließen neue Vertriebskanäle, um verkaufsfördernde Maßnahmen und Handelswerbung auszubauen.

Konkurrenzbezogene Aufgaben befassen sich mit der Beobachtung des Wettbewerbs. Der Versuch Alleinstellungsmerkmale zu generieren, soll langfristig eine Marketingstrategie entwickeln, um sich von der Konkurrenz abzuheben, durch Produktdifferenzierung, besondere Serviceleistungen oder ein besseres Image.[103]

Auf der Grundlage der Marktbeobachtung und -analyse werden Zielvorstellungen formuliert, die einen Handlungsrahmen vorgeben. Ziele geben allgemeine Aussagen zu gewünschten Ergebnissen, die sich meist in ökonomischen Kennzahlen als Soll darstellen. Zentrale Zielsetzungen sind langfristig auf die Entwicklung des Unternehmens ausgerichtet, sie sollen die Unternehmung steuern, koordinieren und sicher in die Zukunft führen.

[103] Vgl. Bruhn, Marketing

Grundlegende marktökonomische Ziele werden aus den Oberzielen des Unternehmens abgeleitet und stellen sich als Kennziffern, wie Absatz, Umsatz, Gewinn, Rentabilität, Produktivität usw. dar. Innerhalb der ökonomischen Ziele werden Zusammenhänge herausgearbeitet auf die sich Unternehmen in der Praxis beziehen.

Eine der bekanntesten Portfolioanalysen (Vier-Felder-Matrix) ist die Marktanteils-Marktwachstums-Portfolio, die von der Boston Consulting Group initiiert wurde. Die zwei Dimensionen der Analyse betrachten zum einen den relativen Marktanteil und zum anderen den Marktumsatz. Interessant ist vor allem die Veränderung über einen bestimmten Zeitraum, da ansonsten lediglich zwei Faktoren Einfluss auf das Ergebnis haben. Zu einer alleinigen strategischen Entscheidungsfindung wird sie daher nicht genutzt.

Weitere Ziele von großer Bedeutung sind die marktpsychologischen Ziele, die durch:

- Bekanntheitsgrad
- Image
- Kompetenzen
- Kundenzufriedenheit und
- Kundenbindung erfolgen.[104]

Um marktpsychologische Ziele zu erkennen bedarf es der Marktforschung, im speziellen der Primärforschung, die im nächsten Kapitel behandelt wird.

Im aktuellen Fokus der strategischen Marketingplanung der Unternehmen steht die intensive Beziehung zur Umwelt, gespiegelt durch Nachhaltigkeit, Fair Trade oder biologisch hergestellte Produkte und Materialien. Die Entwicklung spezieller Konzepte, die gesellschaftliche Trends und Einstellungen nutzen, sichern das Wachstum und die Leistungsfähigkeit des Unternehmens. Der Prozess der strategischen Marketingplanung erfordert einen strukturierten Ablauf, durch

- die systematische Erfassung und Analyse von unternehmensinternen Stärken und Schwächen,
- eine Einschätzung von Chancen und Risiken,
- ein zweckmäßiges Vorgehen in den einzelnen Schritten,
- einen Bezug auf ökonomische Kennzahlen.

[104] Vgl.Becker, das Marketingkonzept

5.4.2 Marktforschung und Marktanalysen

Für die markt- und kundenorientierte Erarbeitung eines Marketingkonzeptes spielt die Marktforschung eine grundlegende Rolle. Zunehmend gewinnt die Online-Forschung über Datenbanken und Suchmaschinen im Internet an Bedeutung. Durch die Marktforschung werden Daten gewonnen, auswertet und interpretiert, die anschließend der Entwicklung eines Marketingplanes bzw. -konzeptes dienen. Unterschieden werden die Marktanalyse, die sich zeitpunktbezogen darstellt und die Marktbeobachtung über einen bestimmten Zeitraum. Natürlich kann ein Unternehmen nicht den gesamten Markt analysieren oder beobachten, daher werden einzelne Marktsegmente bestimmt, die für das Unternehmen von Relevanz sind.

Die Primärforschung beschafft Daten aus erster Hand und wertet diese gezielt für das eigene Unternehmen aus. Dies ist möglich über den direkten Weg der Kundenbefragung und die Beobachtung einzelner Marktsegmente. Primär erhobene Daten lassen sich grundsätzlich besser nutzen, stellen jedoch einen größeren wirtschaftlichen Aufwand dar.

Die Sekundärforschung stützt sich auf die Beschaffung und Auswertung von bereits vorhandenen Daten, die von Marktforschungsinstituten erhoben wurden. Die Daten sind damit leider nicht eins zu eins auf das eigene Unternehmen zu übertragen, sind jedoch weniger zeit- und kostenintensiv.

Die internen und externen Markt- und Umfeldanalysen beinhalten drei Untersuchungsebenen:

Positionsanalyse:

- Gesamt- und Teilmärkte (Marktanteile nach Menge/ Wert)
- Produkt- und Leistungsvorteile (Marken, Produkt, Service)
- Produkt-Mix (Umsatz, Rentabilität)
- Stückkosten-Marktpreis-Relation

Potenzial-Analyse

- Forschung und Entwicklung (Patente, Entwicklungsstand)
- Fertigung (Technologie, Kapazität)
- Beschaffung (Lieferantenbeziehungen)
- Finanzierung (Kapitalausstattung)
- Unternehmen gesamt (Struktur- und Ablauforganisation)

Ressourcen-Analyse

- Sachliche Mittel (Anlagen, Einrichtungen, Ausstattungen)
- Finanzielle Mittel (Liquidität, stille Reserven)
- Personale Mittel (Personalstand, Personalausbildung)
- Informatorische Mittel (Systeme)[105]

Marketingkonzepte werden mittelfristig bis langfristig eingesetzt und sollten daher klare Strukturen aufweisen, die sich jedoch auch an Marktveränderungen anpassen können.

Quantitative Erhebungen

Eine starke Kundenorientierung dient der Informationsgewinnung durch Befragung und Auswertung von Kundenbeurteilungsbögen. Das Unternehmen kann durch den Einsatz von Kundendaten folgendes Konsumverhalten bestimmen:

- Wo kauft der Kunde ein?
- Wann kauft der Kunde ein?
- Wie viele Produkte kauft der Kunde?
- Was gibt der Kunde pro Einkauf aus?
- Wie hoch ist der Durchschnittspreis pro gekauftem Produkt?

Lieferanten- und Kundendaten lassen sich analysieren, auswerten und speichern. Kundeninformationssysteme sind in der Regel mit Warenwirtschaftsystemen gekoppelt und ermöglichen die erfassten Konsumneigungen in die Zukunft zu übertragen. Folgende quantitative Daten lassen sich unterscheiden:

- Stammdaten (Name, Adresse)
- Geographische Daten (Adresse, Entfernung zur Einkaufstätte)
- Sozialökonomische Daten (Alter, Geschlecht)
- Verkaufsdaten (Einkaufsfrequenz, Kaufmenge, Kaufwert, Bevorzugte Warengruppen, Einkaufszeitpunkt)

Die ABC Analyse ist ein viel eingesetztes Instrument um Kunden zu bewerten und zu klassifizieren. Die Daten der Kunden werden meist nach dem Umsatzvolumen in einer bestimmten Zeitperiode ausgewertet. Kunden mit einem hohen Umsatz werden als A-Kunden, Kunden mit einem mittleren Umsatz werden als B-Kunden und Kunden mit einem geringeren Umsatz werden als C-Kunden eingestuft.

[105] Vgl. Becker, Das Marketingkonzept

Die Marketingaktionen die nun den Kunden erreichen, sind auf seinen Status zugeschnitten. Die Klassifikationen können sich auch weiter differenzieren, das ist abhängig von der Produktpalette des Unternehmens.

Qualitative Erhebungen
Die Erforschung der Kundenzufriedenheit ist wesentlich schwieriger, da Kundenwünsche, Emotionen und Verhalten nicht ausschließlich auf rationalen Gegebenheiten beruhen. Vielmehr werden hier emotionale Kaufgewohnheiten oder Erfahrungen der Kunden eine Rolle spielen, die jedoch für den Absatz der Produkte eine wesentliche Aussage treffen. Durch das Beschwerdemanagement oder die Aufnahme von Reklamationen, können Rückschlüsse auf die Kundenzufriedenheit gezogen werden.

Auch Fragen, die auf das Image des Unternehmens abzielen, bilden eine marktbezogene Entscheidungsgrundlage. Neben empirischen Verfahren lassen sich auch mathematische Methoden anführen. In der Praxis werden häufig Skalierungen in Form von Schulnoten verwendet, die durch eine Gewichtung zu einem quantitativen Ergebnis führen. Empirische Untersuchungen haben den Vorteil, dass sie in ihren Fragen auch auf die Qualität der Unternehmung verweisen. Folgende Fragen an die Kunden können Teil eines Kataloges sein:

- Welchen Eindruck haben Sie von dem Unternehmen?
- Wie empfinden Sie die Einkaufsatmosphäre?
- Was vermissen Sie bei ihrem Einkauf?

Der Einsatz eines Positionierungsmodells für die Aufbereitung von gewonnen Marktdaten, dient zum Einen der Visualisierung und zum Zweiten zur Positionierung des Unternehmens im Verhältnis zur Konkurrenz. Das Positionierungsmodell erfüllt zudem eine Prognosefunktion, mit deren Hilfe sich Maßnahmen für ein verändertes oder bildendes Image festlegen lassen. Weiterhin lässt sich abschätzen, mit welchen Konkurrenten voraussichtlich in welcher Wettbewerbsintensität zu rechnen ist.

Erst durch die Gegenüberstellung der Ist-Situation und die zu erwartende Entwicklung werden strategische Probleme erkennbar. Das frühe Erkennen von Problemen ermöglicht, auf interne und externe Veränderungen schnell zu reagieren.

5.4.3 Marketinginstrumente

Sie stellen Hilfsmittel dar, die dem Unternehmen einen Marketing-Mix an unterschiedlichen Mitteln zur Verfügung stellen, um am Markt zu agieren und um auf den Markt reagieren zu können. Die Marketinginstrumente werden in der Fachsprach auch als die "4Ps" benannt (Product, Price, Promotion, Place). Die wesentliche Aufgabe des Marketing besteht in der Entscheidung die optimale Kombination aus Produkt, Preis, Kommunikation und Distribution zu bestimmen.[106]

5.4.3.1 Produktpolitik

In der Praxis wird das Produkt durchaus als „Herz" des Marketing bezeichnet. Ohne Produkt sind weitere Maßnahmen nicht nötig. Das Produkt und seine Gestaltung bilden den Ausgangspunkt sämtlicher Entscheidungen über Art und Leistung der Sach- bzw. Dienstleistung. Nicht nur die technisch-funktionale Leistung, sondern auch die formalästhetische Leistung wird vom Konsumenten bewertet. Der Wettbewerb zwingt Unternehmen ihr Produkt stets an aktuelle Erwartungen der Kunden anzupassen sowie Verbesserungen vorzunehmen.

Permanente Innovationen sichern die Nachfrage der Konsumenten am Markt. Neue Produkte werden am Markt eingeführt und vorhandene ermöglichen, den Marktumsatz auszubauen. Aber auch bereits am Markt erfolgreich eingeführte Produkte können Marktumsatz verlieren, daher ist die Entwicklung oder Veränderung von Produkten unumgänglich. Produkte sollten einzigartig und unverwechselbar sein, indem die Produkteigenschaften klar zu erkennen sind. Dieser einzigartige Kundennutzen wird auch als Unique Selling Proposition (USP) bezeichnet.

Der Produktlebenszyklus visualisiert die Entwicklung der Produkte am Absatzmarkt und zeigt die Produkte in verschiedenen Phasen. Das Unternehmen kann in den einzelnen Phasen durch gezieltes Marketing auf den Produktstatus und somit Absatz einwirken. Eine gezielte Preispolitik oder Werbeaktion kann in den unterschiedlichen Phasen den Produktlebenszyklus verlängern. Dies ist jedoch nur bis zu einem bestimmten Punkt möglich, da Produkte auch einen begrenzten Lebenshorizont haben, gerade bei sehr trendigen und schnelllebigen Produkten, wie z.B. in der Textilbranche.

[106] Vgl. Bruhn, Marketing

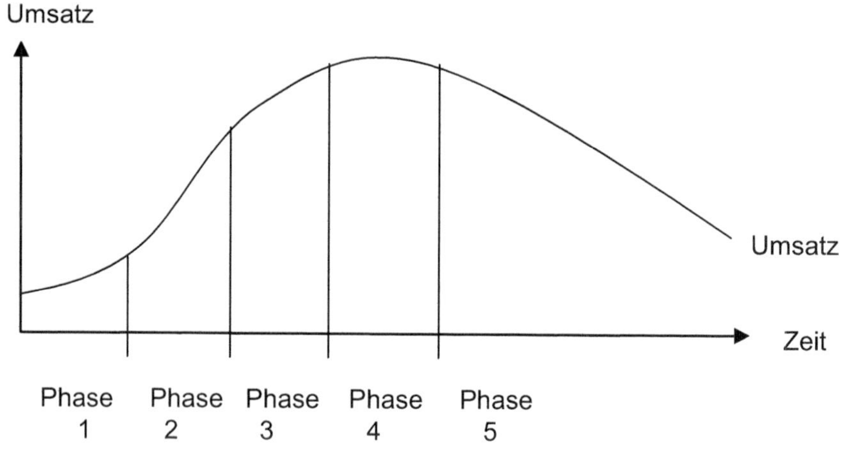

Abb. Katrin König, Produktlebenszyklus

Einführungsphase: In der Phase 1 werden die Produkte am Markt eingeführt, indem eine verstärkte Werbung erfolgt. Hier werden die Kosten hoch und der Umsatz gering sein.

Wachstumsphase: Die Phase 2 wird durch eine verstärkte Nachfrage einen Gewinn erzielen. In dieser Phase muss bereits mit einem verstärkten Wettbewerb gerechnet werden, da der Wettbewerb ein ähnliches Produkt am Markt etabliert.

Reifephase: In der Phase 3 nimmt der Umsatz zu, doch die prozentualen Steigerungen des Umsatzzuwachses werden geringer. Sollte ein Produkt in dieser Phase sein, müssen nun Nachfolgeprodukte in den Markt eingeführt werden.

Sättigungsphase: Die Phase 4 ist durch die Stagnation des Umsatzes gekennzeichnet, da der Markt gesättigt ist. Gezielte Maßnahmen, wie die Produktdifferenzierung oder die Veränderung der Verpackung können die Phase für das Produkt positiv beeinflussen.

Degeneration: In der Phase 5 geht der Absatz des Produktes weiter zurück, bis es zum Verlassen des Marktes führt.[107]

[107] Vgl. Schultz, Basiswissen Betriebswirtschaft

5.4.3.2 Preispolitik

Die Festlegung von Preisen erfolgt unter der Maßgabe, Unternehmensziele zu erfüllen, die auf der Grundlage von wirtschaftlichen Kennzahlen beruhen. Für Kunden ist das Preis-Leistungs-Verhältnis entscheidend, da Kunden den Nutzen eines Produktes beurteilen.

Der Markt unterscheidet drei Strategien für eine Preisfindung. Unternehmen werden sich in einem unteren Preissegment wiederfinden, wenn sie z.B. im Discountbereich angesiedelt sind. Im mittleren Preissegment befinden sich Produkte, die über ein Standard-Qualitätsniveau verfügen, wie z.B. Handelsmarken. Im Premium-Markt werden die hochpreisigen Produkte mit Spitzenqualität und besonderen Leistungen angeboten. Auf Grund eines steigenden Wettbewerbes wird es immer schwieriger bestimmte begriffliche Zuordnungen zu treffen, da sich Preis-Leistungs-Verhältnisse vielfältig präsentieren.

- niedriger Preis/ niedrige Qualität
- niedriger Preis/ höhere Qualität

Die Preisentscheidung der Unternehmen wird sich zusätzlich nach den angestrebten Markanteilen sowie der Anzahl der Konkurrenten ausrichten. Preispolitische Ansätze können sich durch die Kosten-, Nachfrage- und Konkurrenzorientierung unterscheiden. Jedes Modell birgt Chancen und Risiken.

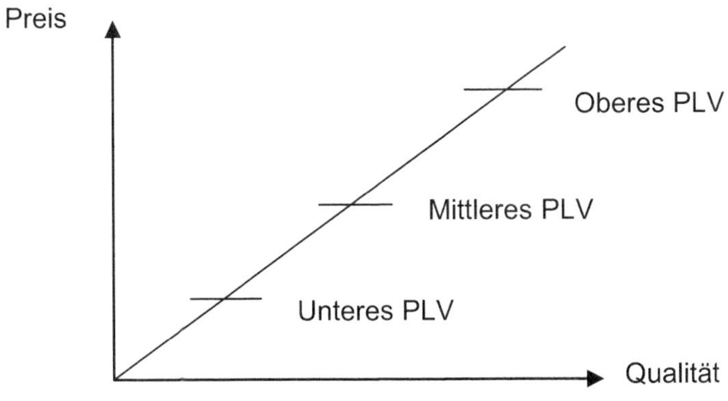

Abb. Typische Preis-Leistungs-Verhältnisse (PLV) in Märkten[108]

[108] Vgl. Becker, Marketingkonzept

Die Kostenrechnung ist in der Praxis stark verbreitet, da es um die langfristige Sicherung des Unternehmens geht. Sie ist einfach durchzuführen und berücksichtigt die verursachten Kosten, die durch den Umsatzerlös gedeckt werden müssen. Zusätzlich werden Kalkulationsverfahren einen Gewinnzuschlag oder einen Deckungsspannenzuschlag ermöglichen, je nach der Art der Verfahren.

Eine nachfrageorientierte Preisbestimmung wird durch die Anzahl der nachfragenden Kunden bestimmt. Hierbei spielt das Image des Produktes oder Unternehmens eine wesentliche Rolle. Die Bereitschaft des Kunden eine hohen Preis zu bezahlen, wird den Preis festsetzen. Qualität und Image der Produkte werden es ermöglichen, die oberste Preisschwelle auszuschöpfen.[109]

Die Wertvorstellung, die der Kunde mit dem Produkt verbindet, ist die ausschlaggebende Größe. Durch besondere Qualitätsmerkmale wie Produktdesign oder Markenimage wird eine monopolistische Marktstellung des Unternehmens angestrebt. Viele Unternehmen produzieren Handelsmarken (Eigenmarken), die es ermöglichen sich von der Markenartikelindustrie zu befreien. Zudem erwecken sie nicht den Eindruck austauschbarer Sortimente, sondern bieten Produkte mit Alleinstellungsmerkmal.

Die konkurrenzorientierte Preisbestimmung weist eine wettbewerbsbezogene Orientierung auf, d.h. Unternehmen richten sich nach einem so genannten Preisführer. Doch allein der Preis muss nicht maßgebend sein, es sind zwei Ausprägungen möglich:

- die Preisüberbietung (evtl. Premium-Marken und Unabhängigkeit sollen geschaffen werden)
- die Preisunterbietung (Anbieter möchte den Abstand zum Marktführer verringern)

In diesem Preissegment werden die Konkurrenzkämpfe über die Liquidität der Unternehmen ausgetragen. Unter Umständen werden Märkte auch bereinigt, indem ein Konkurrent vom Markt verschwindet, der längere Zeit ohne Gewinn produzierte oder verkaufte. Weitere Preisgestaltungen werden über Konditionen getätigt, die sich durch Rabatte (Mengen-, Zeit-, und Kundenrabatte) sowie positive Liefer- und Zahlungsbedingungen (Zahlungsziel, Skonto) darstellen.

[109] Vgl. Becker, Das Marketingkonzept

Die Preisdifferenzierung erfolgt im operativen Tagesgeschäft und ermöglicht ein Produkt durch verschiedene Ausprägungen im Preis zu unterscheiden. Viele Unternehmen, die konkurrenzorientiert am Markt auftreten, nutzen folgende Möglichkeiten:

Mengenmäßige Preisdifferenzierung
In der Praxis werden Unternehmen häufig Mengenrabatte gewähren, häufig in Form von Prozenten. Je nach Produktpreis werden Händler nach Anzahl der Mengeneinheiten eine Preisdifferenzierung vornehmen. Bei Produkten im niedrigen Preissegment, wie z.B. bei Lebensmitteln gibt es auch Aktionen "Kauf 3, zahl 2".

Zeitliche Preisdifferenzierung
Der Zeitpunkt des Kaufes entscheidet über den Preis für das Produkt bzw. der Dienstleistung. In der Textilbranche wird nach der Saison die Ware im Preis reduziert, im Kino gibt es Kinotage, d.h. an bestimmten Tagen in der Woche wird der Kinofilm zu einem geringeren Preis gezeigt.

Personelle Preisdifferenzierung
Aufgrund des personellen Status wird der Preis des Produktes differenziert. Kundenkarteninhaber bekommen einen prozentualen Preisnachlass, auch Treuerabatt genannt. Unterschiedliche Kundengruppen, wie z.B. Rentner oder Studierende erhalten einen Vorzugspreis im Kino, Fitnesscenter, Museum usw.

Sach- oder leistungsbezogene Preisdifferenzierung
Durch geringfügige Veränderungen am Produkt durch Qualität oder Leistungsnutzen werden Preisdifferenzierungen möglich. Ein Buch in der gebundenen Ausgabe mit festem Einband hat einen höheren Preis, als das Buch in der Taschenbuchausgabe. Der Bürostuhl kann unterschiedliche Stoffqualitäten der Sitzfläche aufweisen und das ermöglicht eine Preisdifferenzierung.

Der Ansatz in der Preisdifferenzierung orientiert sich an den zu erwartenden Gewinnen des Herstellers oder Händlers. Dabei ist das Verhalten der Nachfrager stets zu beachten, denn Rabattaktionen sollen kurzfristige Kaufanreize bieten, doch auf Dauer nicht das Preis-Leistungs-Verhältnis in Frage stellen.

5.4.3.3 Kommunikationspolitik

Mit dem Instrument der Kommunikationspolitik wird eine positive Unternehmensdarstellung nach Außen angestrebt. Der Bekanntheitsgrad und das Image werden in die Öffentlichkeit getragen, indem die Zielgruppen des Unternehmens klar definiert und angesprochen werden. Absatzmittler und Endverbraucher kommen über das Produkt ins Gespräch, daher wird die Kommunikationspolitik auch als „Sprachrohr" des Marketing bezeichnet. Folgende Basisinstrumente können wir unterscheiden:

- Werbung (Kernaufgabe)
- Verkaufsförderung
- Public Relations

Werbung
Durch verschiedene Werbearten werden Menschen gezielt beeinflusst, um sie auf Produkte und Dienstleistungen aufmerksam zu machen. Unter der Berücksichtigung von Kundenbedürfnissen werden Werbekonzepte entwickelt, die den Bedarf wecken. In der Absatzwerbung wird systematisch nach der Zahl der Umworbenen, dem Inhalt der Werbung und der Umsatzentwicklung unterschieden. Die Arten der Werbung sind Folgende:

- Einführungswerbung
- Expansionswerbung
- Erhaltungswerbung/ Erinnerungswerbung

Jede Art der Werbung definiert klare Ziele, die sich in einem Werbeplan darstellen. Dieser umfasst die Festlegung des Werbeobjekts, der Werbebotschaft, der Streuzeit, des Streugebietes (Region) und Streuweges (Werbeträger, Werbemittel) sowie des Streukreises (Zielgruppe). Die Werbewirksamkeit wird erhöht, wenn mehrere Ebenen angesprochen werden. Zum Ersten die emotionale Ebene (erlebnisorientierte Ansprache) und zum Zweiten die rationale Ebene (Grund- und Zusatznutzen werden angesprochen).

Werbemaßnahmen setzen sich aus wenigen Elementen zusammen, die durch optische (Grafiken), akustische (Ton) und/oder audio-visuelle (Ton und Bild) Werbemittel umgesetzt werden.[110]

[110] Becker, Das Marketingkonzept

Das Nutzen von Emotionen, Werten und Einstellungen kann Werbung verstärken und den Konsumenten in seinem Verhalten beeinflussen. Das AIDA-Modell stellt den Prozess dar, der die Kaufhandlung auslösen soll.

A Attention (Aufmerksamkeit), Wahrnehmung
I Interest (Interesse), Verarbeitung
D Desire (Kaufwunsch)
A Action (Kaufhandlung), Verhalten

Um eine Kaufhandlung auszulösen, bedarf es umfangreicher Kenntnisse über die angestrebte Zielgruppe. Diese werden systematisch durch die Marktforschung erhoben, wie schon im Kapitel 5.4.2 beschrieben. Für die Werbeansprache werden auch gestalterische Elemente eine große Rolle spielen. Diese sind abhängig von Produkt- und Marktpolitik, im Einzelnen gekennzeichnet durch:

- Produktart
- Markenstatus
- Produkt-/ Markenzyklus
- Markt-/ Branchenzyklus.

Weiterhin entscheiden wichtige formale Gestaltungsfragen über den Werbeerfolg, wie Bildqualität, Farbgestaltung, Typografie oder Symbole. Ein Wiedererkennungswert über die grafische Darstellung oder Werbetexte werden den Werbeauftritt unterstützen. Um ihre Zielgruppen zu erreichen nutzen Unternehmen verschiedene Werbeträger und Werbemittel über einen bestimmten Zeitraum. Eine unverwechselbare Werbemaßnahme soll unter Berücksichtigung des Werbebudget den gewünschten Werbeerfolg generieren. Den Werbeerfolg werden Unternehmen durch die Kontrolle von Absatz- und Umsatzzahlen ermitteln, doch auch mittelfristige Veränderungen durch die Gewinnung von Kunden sind möglich.

Die Direktwerbung bietet mit einer individuellen Ansprache und Kommunikation eine starke Kundenbindung. Das Online-Marketing nutzt das Internet, die Mobilfunktechnologie und das interaktive Fernsehen. Vielseitige Möglichkeiten über Suchmaschinen oder die eigene Homepage ermöglichen eine direkte Transaktion mit dem Konsumenten (Online-Vertrieb, E-Commerce).[111]

---

[111] Vgl. Becker, das Marketingkonzept

Verkaufsförderung

Das Instrument nimmt direkt Einfluss auf Absatz und Umsatz vor Ort, am Point of Sale. Meist sind Aktionen zeitlich begrenzt, sie können sowohl kurzfristig als auch mittelfristig eingesetzt werden. Kurzfristige Maßnahmen beziehen sich meist auf Absatz und Marktanteile, während hingegen mittelfristige Maßnahmen das Ziel der Preis- und Imagepflege verfolgen. Kaufimpulse werden dann geweckt, wenn die Werbung möglichst viele Sinne des Konsumenten anspricht, dies gelingt besonders bei Promotionaktionen mit persönlicher Beratung. Das Sehen, Probieren, Fühlen oder Riechen eines Produktes schafft Kaufanreize. Folgende Arten der Verkaufsförderung können unterschieden werden:

Verkäuferpromotion

- Aktionstraining
- Verkaufsunterlagen, Handbücher
- Wettbewerbe

Händlerpromotion

- Verkaufsaktionen
- Informationsmaterial
- Sonderkonditionen

Verbraucherpromotion

- Informationsmaterial
- Verkostung, Produktproben, Zugaben
- Preisausschreiben, Verlosung, Gewinnspiele

Public Relations (PR)

Dieses Instrument zielt auf das öffentliche Interesse ab. Das Unternehmen hat das Bestreben seinen Bekanntheitsgrad zu erhöhen oder sein Image zu verbessern. Grundlage für beide Formen ist Vertrauen, das es aufzubauen gilt. Public Relations zielt somit auf die unternehmensexternen sowie auf die unternehmensinternen Zielgruppen ab. Die Analyse des Ist-Zustandes bildet das Bild in der Öffentlichkeit und stellt dem das gewünschte Bild in der Zukunft gegenüber. Die PR-Ziele werden stets mit dem PR-Budget abgestimmt, denn sei es der "Tag der offenen Tür", Firmenevents, Fachtagungen oder die klassische PR-Arbeit über Medien, alle Maßnahmen verursachen Kosten.[112]

[112] Vgl. Becker, Das Marketingkonzept

5.4.3.4 Distributionspolitik (Vertriebspolitik)

Die Versorgung der Kunden mit Produkten und Leistungen bedarf der Entscheidung über die geeigneten Vertriebswege. Doch nicht nur die Absatzwege sind zu strukturieren, es geht auch um die Verfügbarkeit von Produkten unabhängig von Zeit und Raum. Vertriebspolitische Entscheidungen werden für einen mittel- bis langfristigen Zeitraum getroffen. Eine Unterscheidung findet durch den direkten und indirekten Vertriebsweg statt:

Direkte Vertriebswege nutzen den Weg vom Hersteller direkt zum Konsumenten, ohne andere Absatzmittler. Es ermöglicht eine unmittelbare Kommunikation mit dem Konsumenten und eine permanente Kontrolle über das Absatzgeschehen. Der direkte Absatzweg führt klassisch über Vertriebsmitarbeiter, wie Vertreter in Pharmazie und Versicherung, Handelsreisende oder Außendienstmitarbeiter, aber auch der Online-Handel per Internet, stellt einen direkten Vertriebsweg dar. Auch unternehmenseigene Verkaufsstellen oder Filialen sichern dem Hersteller eine ansonsten fällig werdende Handelsspanne und zusätzlich eine hohe Qualität der Beratung durch geschultes Personal. Gleichzeitig wird jedoch auf den Handelsflächen das Kapital gebunden.

Indirekte Vertriebswege sind in drei Stufen darzustellen:

Einstufige Vertriebswege
Hersteller → Einzelhandel → Konsument

Zweistufige Vertriebswege
Hersteller → Großhandel → Einzelhandel → Konsument

Mehrstufige Vertriebswege
Hersteller → Fachgroßhandel → Sortimentsgroßhandel → Einzelhandel → Konsument

Der einstufige indirekte Vertriebsweg findet meist zwischen kleinen Unternehmen und speziellen Absatzmittlern Anwendung. Das Absatzgeschäft mit den Großhändlern ermöglicht das Nutzen von zusätzlichen Leistungen, die durch diesen erbracht werden.[113]

[113] Vgl. Bruhn, Marketing

Großhändler können als Handelsunternehmen, Weiterverarbeiter oder gewerbliche Verbraucher am Markt auftreten. Sie übernehmen Funktionen im Bereich der Mengenverteilung, der Regalpflege im Einzelhandel, der Sortimentsgestaltung und im Werbebereich der Displayerstellung. Der Großhandel ist seit Jahren gezwungen sich durch neue Aufgaben zu positionieren, da sein eigentliches Kerngeschäft durch die Inanspruchnahme der direkten Absatzwege rückläufig ist.

Die Absatzmittler der indirekten Vertriebsketten sind rechtlich und wirtschaftlich selbstständige Unternehmen, die sich auch als stationäre Einzelhändler darstellen. Im Bereich des Einzelhandels lassen sich verschiedene Betriebstypen unterscheiden:

- Fachgeschäft
- Spezialgeschäft
- Warenhäuser
- Kaufhäuser
- Supermärkte
- Verbrauchermärkte
- Discounter

Charakterisiert werden sie meist über die Größe ihrer Verkaufsflächen, ihre Sortimentsstruktur nach Sortimentstiefe und -breite und über ihr Preisniveau mit dem der Marktauftritt einhergeht.

Der Einzelhandel unterscheidet weiterhin Kooperationen mit und ohne räumlicher Konzentration. Die räumliche Konzentration zeigt sich in Kooperationen von Shopping Centern, bei Gemeinschaftswarenhäusern und Bahnhofseinkaufszentren. Diese nutzen den gemeinsamen Werbeauftritt und profitieren von einem reichhaltigen Branchen- und Sortimentsmix. Auch weitere wesentliche Aufgaben, wie Parkraumbewirtschaftung, Sicherheitsdienst und Gebäudereinigung werden vom Center-Management organisiert.

Kooperationen ohne räumliche Konzentration spiegeln sich in Einkaufsvereinigungen wie Edeka und Rewe wider oder in Einkaufsgemeinschaften und Konsumgenossenschaften. Auch hier liegt das Interesse darin, die Wettbewerbsfähigkeit durch das Nutzen gemeinsamer Funktionsbereiche zu erhöhen.[114]

---

[114] Vgl. Barth/ Hartmann/ Schröder, Betriebswirtschaftslehre des Handels

Beteiligung von Betriebsräten

Der Einfluss von Betriebsräten in den wirtschaftlichen Angelegenheiten wird im § 106 BetrVG geregelt. Gern zitieren Arbeitgeber ihre wirtschaftliche Freiheit unter dem Aspekt, das wirtschaftliche Risiko des Unternehmens zu tragen. Doch grundsätzlich hat der Arbeitgeber eine Unterrichtungspflicht gegenüber dem Betriebsrat aus diesem Gesetz.

Hat ein Unternehmen nach §106 Abs.1 BetrVG in der Regel mehr als einhundert ständig beschäftigte Arbeitnehmer, so ist durch den Betriebsrat ein Wirtschaftsausschuss zu bilden. Der Wirtschaftsausschuss hat die Aufgabe mit dem Arbeitgeber über wirtschaftliche Angelegenheiten zu beraten und dies dem Betriebsrat mitzuteilen. Weiterhin muss der Arbeitgeber nach § 106 Abs.2 BetrVG den Wirtschaftsausschuss rechtzeitig über wirtschaftliche Angelegenheiten im Unternehmen unterrichten, unter Bezugnahme von erforderlichen Unterlagen. Diese sollen dem Wirtschaftsausschuss ermöglichen, frühzeitig Auswirkungen für die Arbeitnehmer und die daraus resultierende Personalplanung zu erkennen.

Im § 106 Abs.3 werden Inhalte formuliert, die wirtschaftliche Angelegenheiten im Sinne der Vorschrift sind:

- die wirtschaftliche und finanzielle Lage des Unternehmens,
- die Produktions- und Absatzlage sowie Investitionen,
- Rationalisierungsvorhaben,
- die Einführung neuer Arbeitsmethoden,
- Einschränkungen, Stilllegung oder Verlegung von Betriebsteilen,
- Zusammenschluss und Spaltung von Unternehmen / Betrieben,
- Änderung der Betriebsorganisation,
- Übernahme des Unternehmens sowie
- sonstige Vorhaben, welche die Arbeitnehmer betreffen.

Der Wirtschaftsausschuss muss die strategische Vorgehensweise des Arbeitgebers nachvollziehen können, deshalb darf er Fragen stellen und Erklärungen verlangen. Die Beschäftigungssicherung und die Verhinderung wirtschaftlicher sowie sozialer Nachteile für Arbeitnehmer stehen im Mittelpunkt. Die Betrachtung wirtschaftlicher Kennzahlen stellen eine große Herausforderung für jeden Wirtschaftausschuss dar und erfordern in schwierigen Situationen das Hinzuziehen von Sachverständigen.[115]

[115] Vgl. Scheriau, Gesamtbetriebsrat - Konzernbetriebsrat

Abkürzungsverzeichnis

Abs.	Absatz
AG	Aktiengesellschaft
AGG	Allgemeines Gleichbehandlungsgesetz
AktG	Aktiengesetz
ArbG	Arbeitsgericht
ArbZG	Arbeitszeitgesetz
Art.	Artikel
AÜG	Arbeitnehmerüberlassungsgesetz
BAG	Bundesarbeitsgericht
BetrVG	Betriebsverfassungsgesetz
BGB	Bürgerliches Gesetzbuch
BR	Betriebsrat
BVW	Betriebliches Vorschlagswesen
EStG	Einkommensteuergesetz
GewO	Gewerbeordnung
GG	Grundgesetz
GmbH	Gesellschaft mit beschränkter Haftung
GuV	Gewinn- und Verlustrechnung
HGB	Handelsgesetzbuch
i.d.R.	in der Regel
i.S.	im Sinne
InsO	Insolvenzordnung
JAV	Jugend- und Auszubildendenvertretung
KBR	Konzernbetriebsrat
KG	Kommanditgesellschaft
LAG	Landesarbeitsgericht
MiLoG	Mindestlohngesetz
NachwG	Nachweisgesetz
Nr.	Nummer
Rdnr.	Randnummer
OHG	Offene Handelsgesellschaft
SGB	Sozialgesetzbuch
TzBfG	Teilzeit- und Befristungsgesetz
TVG	Tarifvertragsgesetz
u.a.	und andere
UG	Unternehmergesellschaft, haftungsbeschränkt
z.B.	zum Beispiel

Literaturverzeichnis

Barth, K./Hartmann, M./Schröder, H. (2002), Betriebswirtschaftslehre des Handels, 5. Auflage, Wiesbaden: Betriebswirtschaftlicher Verlag Dr. Th. Gabler GmbH

Be Partners (2014). Büromanagement, Berlin: Cornelsen GmbH

Becker, J.(2010). Das Marketingkonzept, 4. Auflage, München: Deutscher Taschenbuch Verlag GmbH & Co.KG

Becker, M. (2013). Personalentwicklung, 6. Auflage, Stuttgart: Schäffer-Poeschel Verlag

Bruhn, M. (2007). Kundenorientierung, 3. Auflage, München: Deutscher Taschenbuch Verlag GmbH & Co.KG

Bruhn, M. (2014). Marketing, 12. Auflage, Wiesbaden: Springer Gabler

https://www.taz.de/Archiv-Suche/!5269014/

Hofstede/Hofstede, G. (2011). Lokales Denken, globales Handeln, 5 Auflage, München: Deutscher Taschenbuch Verlag GmbH & Co.KG

Holtbrügge, D. (2013). Personalmanagement, 5. Auflage, Berlin Heidelberg: Springer-Verlag

Huber, A. (2010). Personalmanagement, München: Verlag Franz Vahlen GmbH

Jung, H. (2011). Personalwirtschaft, 9. Auflage, München: Oldenbourg Wissenschaftsverlag GmbH

Kadritzke, U. (Hrsg.) (1997).Unternehmenskulturen unter Druck, Berlin: Rainer Bohn Verlag

Krause/Krause (2010). Die Prüfung der Wirtschaftsfachwirte, Herne: Verlag neue Wirtschafts-Briefe GmbH & Co. KG

Krause/Krause (2010). Die Prüfung der Dienstleistungsfachwirte, 2. Auflage, Herne: Verlag neue Wirtschafts-Briefe GmbH & Co. KG

Kruse, A./Lehr, U. (1998). Altenbildung – theoretische und empirische Beiträge der Gerontologie

Lebrenz, Ch. (2017).Strategie und Personalmanagement, Wiesbaden: Springer Gabler

Olfert, K. (Hrsg.) (2015). Personalwirtschaft, 16. Auflage, Ludwigshafen (Rhein): Kiehl Verlag GmbH

Olfert, K. (Hrsg.) (2009). Organisation, 15. Auflage, Ludwigshafen (Rhein): Kiehl Verlag GmbH

Rahn, H.J. (2006). Führung von Gruppen, Gruppenführung mit System, 5. Auflage, Frankfurt a.M.

von Rosenstiel, Nerdinger, F. W. (2011). Grundlagen der Organisationspsychologie, 7. Auflage, Stuttgart: Schäffer-Poeschel Verlag

Scherm, E., Süß, St. (2016).Personalmanagement, München: Verlag Franz Vahlen GmbH

Scheriau, K.M. (2014). Einführung in die Betriebsratsarbeit, 4. Auflage, Berlin: Autorenverlag K.M. Scheriau

Scheriau, K.M. (2013). Gesamtbetriebsrat - Konzernbetriebsrat Rechte und Handlungsmöglichkeiten, 1. Auflage, Berlin: Autorenverlag K.M. Scheriau

Scheriau, K.M. (2015). Personelle Angelegenheiten. Mitwirkung und Mitbestimmung des Betriebsrats, 2. Auflage, Berlin: Autorenverlag K.M. Scheriau

Scheriau, K.M. (2015). Soziale Angelegenheiten: Mitbestimmung des Betriebrats nach § 87 BetrVG, 2. Auflage, Berlin: Autorenverlag K.M. Scheriau

Schreyögg, G. (2016). Grundlagen der Organisation, 2. Auflage, Wiesbaden: Springer-Gabler

Schultz, V. (2008). Basiswissen Betriebswirtschaft, 3. Auflage, München: Beck- Wirtschaftsberater, Deutscher Taschenbuch Verlag GmbH & Co.KG

Simon, W. (2008). Managementtechniken, 2. Auflage, Offenbach: GABAL Verlag GmbH

Simon, W. (2007). Grundlagen der Arbeitsorganisation, 2. Auflage, Offenbach: GABAL Verlag GmbH

Simon, W. (2009). Führung und Zusammenarbeit, 2. Auflage, Offenbach: GABAL Verlag GmbH

Staute, J. (1998) Das Ende der Unternehmenskultur, München: Wilhelm Heyne Verlag GmbH & Co. KG

Vahs, D./Schäfer-Kunz, J. (2012). Einführung in die Betriebswirtschafts-lehre, 6. Auflage, Stuttgart: Schäffer-Poeschel Verlag

Autorenverlag K. M. Scheriau

Reihe Grundlagen der Betriebsratsarbeit

Band 1: K.M. Scheriau;
Die Durchführung der Betriebsratswahl
3. Aufl.; Berlin 2013

Band 2: K.M. Scheriau;
Einführung in die Betriebsratsarbeit
4. Aufl.; Berlin 2014

Band 3: K.M. Scheriau;
Personelle Angelegenheiten
Mitwirkung und Mitbestimmung des Betriebsrats;
2. Aufl.; Berlin 2015

Band 4: K.M. Scheriau;
Soziale Angelegenheiten
Mitbestimmung des Betriebsrats nach § 87 BetrVG;
2. Aufl.; Berlin 2015

Band 5: K.M. Scheriau;
Betriebsänderung nach dem Betriebsverfassungsgesetz, Betriebsübergang (§ 613a BGB), Betriebsänderung bei Umwandlung; 2. Aufl.; Berlin 2014

Band 6: K.M. Scheriau;
Gesamtbetriebsrat – Konzernbetriebsrat
Rechte und Handlungsmöglichkeiten
1. Aufl., Berlin 2013

Reihe Arbeits- und Sozialrecht

K.M.Scheriau
Leiharbeit und Werkvertrag
2. Auflage, Berlin, März 2017

K.M.Scheriau
Arbeitsverhältnis: Ist das noch normal?
Prekäre Beschäftigung
6. Auflage, Berlin Oktober 2017

K.M.Scheriau
Selbstständig oder Scheinselbstständig?
Berlin, 2010
Restauflage

Basiswissen

Katrin König
BWL Grundlagen – Wie wirtschaften Betriebe?
Basiswissen für Praktiker, Betriebsräte und Studierende
Berlin, Dezember 2017